HITE 6.0
培养体系

HITE 6.0全称厚溥信息技术工程师培养体系第6版，是武汉厚溥企业集团推出的“厚溥信息技术工程师培养体系”，其宗旨是培养适合企业需求的IT工程师，该体系被国家工业和信息化部人才交流中心鉴定为国家级计算机人才评定体系，凡通过HITE课程学习成绩合格的学生将获得国家工业和信息化部颁发的“全国计算机专业人才证书”，该体系教材由清华大学出版社全面出版。

HITE 6.0是厚溥最新的职业教育课程体系，该职业体系旨在培养移动互联网开发工程师、智能应用开发工程师、企业信息化应用工程师、网络营销技术工程师等。它的独特之处在于每年都要根据技术的发展进行课程的更新。在确定HITE课程体系之前，厚溥技术中心专业研究员在IT领域和一些非IT公司中进行了广泛的行业调查，以了解他们在目前和将来的工作中会用到的数据库系统、前端开发工具和软件包等应用程序，每个产品系列均以培养符合企业需求的软件工程师为目标而设计。在设计之前，研究员对IT行业的岗位序列做了充分的调研，包括研究从业人员技术方向、项目经验和职业素质等方面的需求，通过对面向学生的自身特点、行业需求与现状以及实施等方面的详细分析，结合厚溥对软件人才培养模式的认知，按照软件专业总体定位要求，进行软件专业产品课程体系设计。该体系集应用软件知识和多领域的实践项目于一体，着重培养学生的熟练度、规范性、集成和项目能力，从而达到预定的培养目标。整个体系基于ECDIO工程教育课程体系开发技术，可以全面提升学生的价值和学习体验。

一、移动互联网开发工程师

在移动终端市场竞争下，为赢得更多用户的青睐，许多移动互联网企业将目光瞄准在应用程序创新上。如何开发出用户喜欢，并能带来巨大利润的应用软件，成为企业思考的问题，然而这一切都需要移动互联网开发工程师来实现。移动互联网开发工程师成为求职市场的宠儿，不仅薪资待遇高，福利好，更有着广阔的发展前景，倍受企业重视。

移动互联网企业对Android和Java开发工程师需求如下：

已选条件:	Java(职位名)	Android(职位名)
共计职位:	共51014条职位	共18469条职位

1. 职业规划发展路线

Android				
★	★★	★★★	★★★★	★★★★★
初级Android 开发工程师	Android 开发工程师	高级Android 开发工程师	Android 开发经理	移动开发 技术总监
Java				
★	★★	★★★	★★★★	★★★★★
初级Java 开发工程师	Java 开发工程师	高级Java 开发工程师	Java 开发经理	技术总监

2. 素质能力提升路径

1 大学生	2 大学生活	3 学习习惯	4 职业目标	5 沟通表达	6 自我管理
12 准职业人	11 职业路线	10 求职技能	9 就业意识	8 融入团队	7 形象礼仪

3. 专业技能提升路径

1 大学生	2 计算机基础	3 编程基础	4 软件工程	5 数据库	6 网站技术
12 准职业人	11 产品规划	10 项目技能	9 高级应用	8 APP开发	7 基础应用

4. 项目介绍

(1) 酒店点餐助手

(2) 音乐播放器

二、智能应用开发工程师

随着物联网技术的高速发展，我们生活的整个社会智能化程度将越来越高。在不久的将来，物联网技术必将引起我国社会信息的重大变革，与社会相关的各类应用将显著提升整个社会的信息化和智能化水平，进一步增强服务社会的能力，从而不断提升我国的综合竞争力。 智能应用开发工程师未来将成为热门岗位。

智能应用企业每天对.NET开发工程师需求约15957个需求岗位(数据来自51job)：

已选条件:	.NET(职位名)
共计职位:	共15957条职位

1. 职业规划发展路线

★	★★	★★★	★★★★	★★★★★
初级.NET 开发工程师	.NET 开发工程师	高级.NET 开发工程师	.NET 开发经理	技术总监
★	★★	★★★	★★★★	★★★★★
初级 开发工程师	智能应用 开发工程师	高级 开发工程师	开发经理	技术总监

2. 素质能力提升路径

1 大学生	2 大学生活	3 学习习惯	4 职业目标	5 沟通表达	6 自我管理
12 准职业人	11 职业路线	10 求职技能	9 就业意识	8 融入团队	7 形象礼仪

3. 专业技能提升路径

1 大学生	2 计算机基础	3 编程基础	4 软件工程	5 数据库	6 网站技术
12 准职业人	11 产品规划	10 项目技能	9 高级应用	8 智能开发	7 基础应用

4. 项目介绍

(1) 酒店管理系统

(2) 学生在线学习系统

三、企业信息化应用工程师

当前，世界各国信息化快速发展，信息技术的应用促进了全球资源的优化配置和发展模式创新，互联网对政治、经济、社会和文化的影响更加深刻，围绕信息获取、利用和控制的国际竞争日趋激烈。企业信息化是经济信息化的重要组成部分。

IT企业每天对企业信息化应用工程师需求约11248个需求岗位（数据来自51job）：

已选条件：	ERP实施(职位名)
共计职位：	共11248条职位

1. 职业规划发展路线

初级实施工程师	实施工程师	高级实施工程师	实施总监
信息化专员	信息化主管	信息化经理	信息化总监

2. 素质能力提升路径

1 大学生	2 大学生活	3 学习习惯	4 职业目标	5 沟通表达	6 自我管理
12 准职业人	11 职业路线	10 求职技能	9 就业意识	8 融入团队	7 形象礼仪

3. 专业技能提升路径

1 大学生	2 计算机基础	3 编程基础	4 软件工程	5 数据库	6 网站技术
12 准职业人	11 产品规划	10 项目技能	9 高级应用	8 实施技能	7 基础应用

4. 项目介绍

(1) 金蝶K3

(2) 用友U8

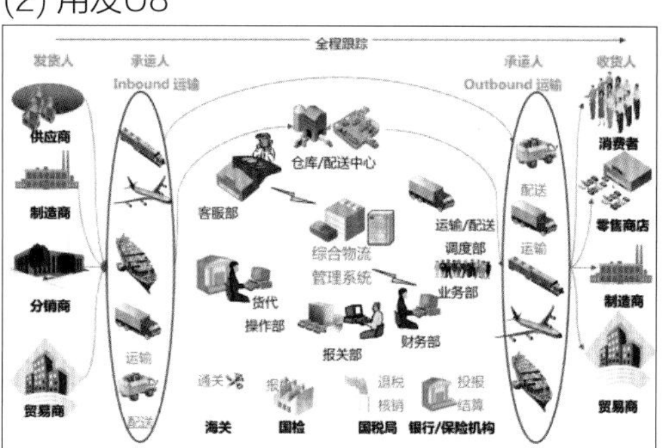

四、网络营销技术工程师

在信息网络时代，网络技术的发展和应用改变了信息的分配和接收方式，改变了人们生活、工作、学习、合作和交流的环境，企业也必须积极利用新技术变革企业经营理念、经营组织、经营方式和经营方法，搭上技术发展的快车，促进企业飞速发展。网络营销是适应网络技术发展与信息网络时代社会变革的新生事物，必将成为跨世纪的营销策略。

互联网企业每天对网络营销工程师需求约47956个需求岗位(数据来自51job)：

已选条件：	网络推广SEO(职位名)
共计职位：	共47956条职位

1. 职业规划发展路线

网络推广专员	网络推广主管	网络推广经理	网络推广总监
网络运营专员	网络运营主管	网络运营经理	网络运营总监

2. 素质能力提升路径

1 大学生	2 大学生活	3 学习习惯	4 职业目标	5 沟通表达	6 自我管理
12 准职业人	11 职业路线	10 求职技能	9 就业意识	8 融入团队	7 形象礼仪

3. 专业技能提升路径

1 大学生	2 计算机基础	3 编程基础	4 网站建设	5 数据库	6 网站技术
12 准职业人	11 产品规划	10 项目实战	9 电商运营	8 网络推广	7 网站SEO

4. 项目介绍

(1) 品牌手表营销网站

(2) 影院销售网站

HITE 6.0 软件开发与应用工程师

工信部国家级计算机人才评定体系

基于 SQL Server 的数据库设计

武汉厚溥教育科技有限公司　编著

清華大学出版社

北　京

内 容 简 介

本书按照高等院校、高职高专计算机课程基本要求，以案例驱动的形式来组织内容，突出计算机课程的实践性特点。本书共分为 10 个单元，主要包括数据库设计、Transact-SQL 编程、SQL 高级查询、索引和视图、事务和游标、存储过程、触发器、OOAD 和 UML 简介、用例图和活动图。

本书内容安排合理，层次清楚，通俗易懂，实例丰富，突出理论与实践的结合，可作为各类高等院校、高职高专及培训机构的教材，也可供广大数据库开发人员参考。

图书在版编目(CIP)数据

基于 SQL Server 的数据库设计 / 武汉厚溥教育科技有限公司 编著. —北京：清华大学出版社，2020.1 (2024.7重印)

HITE 6.0 软件开发与应用工程师

ISBN 978-7-302-53562-1

Ⅰ. ①基… Ⅱ. ①武… Ⅲ. ①关系数据库系统 Ⅳ. ①TP311.132.3

中国版本图书馆 CIP 数据核字(2019)第 179903 号

责任编辑：刘金喜
封面设计：王 晨
版式设计：思创景点
责任校对：成凤进
责任印制：刘 菲

出版发行：清华大学出版社
网 址：https://www.tup.com.cn, https://www.wqxuetang.com
地 址：北京清华大学学研大厦 A 座 **邮 编**：100084
社 总 机：010-83470000 **邮 购**：010-62786544
投稿与读者服务：010-62776969，c-service@tup.tsinghua.edu.cn
质 量 反 馈：010-62772015，zhiliang@tup.tsinghua.edu.cn
印 装 者：三河市龙大印装有限公司
经 销：全国新华书店
开 本：185mm×260mm **印 张**：13 **插 页**：2 **字 数**：269 千字
版 次：2020 年 1 月第 1 版 **印 次**：2024 年 7 月第 4 次印刷
定 价：69.00 元

产品编号：084824-01

编委会

前言

SQL(Structured Query Language，结构化查询语言)的主要功能是同各种数据库建立联系，进行沟通。按照ANSI(America National Standard Institute，美国国家标准协会)的规定，SQL 被作为关系型数据库管理系统的标准语言。SQL 语句可以用来执行各种各样的操作，如更新数据库中的数据、从数据库中提取数据等。SQL Server 是一个关系数据库管理系统，它最初是由 Microsoft、Sybase 和 Ashton-Tate 三家公司共同开发的，于 1988 年推出了 OS/2(Operating System/2)。在 Windows NT 操作系统推出后，Microsoft 公司与 Sybase 公司在 SQL Server 的开发上就分道扬镳了，Microsoft 公司将 SQL Server 移植到 Windows NT 系统上，专注于开发推广 SQL Server 的 Windows NT 版本。Sybase 公司则专注于 SQL Server 在 UNIX 操作系统上的应用。

本书是“工信部国家级计算机人才评定体系”中的一本专业教材。“工信部国家级计算机人才评定体系”是由武汉厚溥教育科技有限公司开发，以培养符合企业需求的软件工程师为目标的 IT 职业教育体系。在开发该体系之前，我们对 IT 行业的岗位序列做了充分的调研，包括研究从业人员技术方向、项目经验和职业素质等方面的需求，通过对所面向学生的特点、行业需求的现状及实施等方面的详细分析，结合武汉厚溥教育科技有限公司对软件人才培养模式的认知，按照软件专业总体定位要求，进行软件专业产品课程体系设计。该体系集应用软件知识和多领域的实践项目于一体，着重培养学生的熟练度、规范性、集成和项目能力，从而达到预定的培养目标。

本书共包括 10 个单元：数据库设计、Transact-SQL 编程、SQL 高级查询、索引和视图、事务和游标、存储过程、触发器、OOAD 和 UML 简介、用例图、活动图。

我们对本书的编写体系做了精心的设计，按照“理论学习—知识总结—上机操作—课后习题”这一思路进行编排。“理论学习”部分描述通过案例要达到的学习目标与涉及的相关知识点，使学习目标更加明确；“知识总结”部分概括案例所涉及的知识点，使知识点完整系统地呈现；“上机操作”部分对案例进行了详尽分析，通过完整的步骤帮助读者快速掌握该案例的操作方法；“课后习题”部分帮助读者理解章节的知识点。本书在内容编写方面，力求细致全面；在文字叙述方面，注意言简意赅、重点突出；在案例选取方面，强调案例的针对性和实用性。

本书凝聚了编者多年来的教学经验和成果，可作为各类高等院校、高职高专及培训机构的教材，也可供广大程序设计人员参考。

本书由武汉厚溥教育科技有限公司编著，由翁高飞、李鲲、李伟、寇立红、李杰、熊勇等多名企业实战项目经理编写。参与本书编写的人员还有：柳州城市职业学院唐子蛟，贵州装备制造职业学院叶翔、梁日荣、徐向、杨洋、杨锦、钟龙怀，黔东南民族职业技术学院田新宇、杨琦、宋开旭、谢凌雁，柳州职业技术学院王慧等。本书编者长期从事项目开发和教学实施，并且对当前高校的教学情况非常熟悉，在编写过程中充分考虑到不同学生的特点和需求，加强了项目实战方面的教学。

本书编写过程中，得到了武汉厚溥教育科技有限公司各级领导的大力支持，在此对他们表示衷心的感谢！

限于编写时间和编者的水平，书中难免存在不足之处，希望广大读者批评指正。

服务邮箱：wkservice@vip.163.com

编　者

2019 年 6 月

目录

单元一

数据库设计

课程目标

- 了解数据库设计的步骤
- 掌握绘制数据库 E-R 图的方法
- 理解数据库的规范化

简 介

在《使用 SQL Server 管理数据》一书的学习中，我们认识了数据库，了解了 SQL Server 的相关概念及基本操作，学习了使用 SQL 进行各种数据库操作，如创建数据库、创建表、添加各种约束等，并且掌握了对数据的各种操作，如插入(INSERT)、删除(DELETE)、修改(UPDATE)和查询(SELECT)等 SQL 语句。其主要的知识点包括：

- 数据库的基本概念及发展史，SQL Server 2012 的安装及新特性，数据冗余、数据完整性等；
- 在 SQL Server 2012 的管理控制台中创建数据库、表，以及对数据进行导入导出；
- 使用 SQL 语句创建数据库、表和约束，修改和删除表；
- 使用 SQL 语句进行各种数据操作(增、删、改、查)；
- 查询数据时返回限制行、查询结果排序，在查询中使用表达式、运算符和函数；
- 模糊查询，使用聚合函数进行分组查询、多表联合查询。

通过前面的学习，我们已经能够使用 SQL Server Management Studio 来创建数据库、表，并且可以对表中的数据进行简单的、常用的操作。接下来的课程，我们将结合 SQL Server 2012，更深入地学习数据库的高级应用，课程内容如下：

- 学习 E-R 图的绘制，理解数据库范式，掌握如何规范地设计数据库；
- 数据的高级查询、子查询；
- 创建和使用索引、视图，实现高效的数据管理；
- 学习使用 T-SQL 进行数据库编程，实现多功能数据管理；
- 编写和使用存储过程，实现对数据库的高性能数据管理；
- 编写和使用触发器，根据业务规则，实现复杂的数据完整性约束；
- 学习使用事务处理，使用游标获取查询结果；
- 数据库的各项安全性设置。

在本单元，我们将学习如何按照数据库设计规范，借助于 E-R 图，设计符合要求的数据库。

1.1 规范数据库设计的必要性

通过前面课程的学习，我们已经可以根据业务需求来创建数据库、表，并向表中插入测试数据，然后查询表中的数据，那么为什么现在还要强调建库、建表前的设计呢？其实原因非常简单，我们可以从建筑行业进行联想。我们在建造房屋时，如果所建造的是一间简易的平房，需要花钱请专业的设计师来设计房屋图纸吗？很显然，没有人会这么做。但是，如果需要建造的是一栋摩天大楼或者是一个综合型居民小区，需要设计师来进行设计并绘制图纸吗？答案是肯定的，开发商一定会委托专业的设计公司为其设计详细的施工图纸并经过专家评审通过后才会开工。

同样道理，在实际的软件项目开发中，如果系统中存储的数据量比较大，需要用来存储数据的表比较多，并且表与表之间的关系比较复杂，那么就需要先进行规范的数据库设计，然后才能着手进行具体的数据库建库、建表等工作。

不论是创建 Web 项目，还是开发桌面窗体应用程序，都要进行必要的数据库设计。不论我们使用的数据库是 SQL Server 还是 Oracle，或者是其他数据库产品，如果不经过设计，创建的数据库与数据表不合理、不恰当，那么数据的查询效率会很低，访问数据库的程序运行效率也将会受到影响，这将会直接影响项目的运行性能及软件产品的稳定性。

1.1.1　什么是数据库设计

尽管我们已经接触过构建数据库，但对数据库中的表到底是以什么方式组织和构建的一定还是感到很困惑。数据库的设计到底有没有规则，如果有，是什么样的规则？

数据库设计实际上就是规划和结构化数据库中的数据对象及这些数据对象之间关系的过程。

1.1.2　数据库设计的重要性

不经过设计的数据库或者失败的数据库设计最终很可能导致：

- 数据库运行效率低下。
- 更新、删除和查询数据时出现诸多错误。

反之，良好的数据库设计会让我们的应用程序：

- 执行效率更高。
- 数据冗余更小。
- 数据访问安全性更高。

设计良好的数据库结构，在数据对象之间建立适当的关系，是设计高性能、高安全性数据库系统的重要决定因素。

1.2 实体-关系(E-R)数据模型

E-R 数据模型(Entity-Relationship data model)，即实体-关系数据模型，于 1976 年由陈品山提出。E-R 数据模型不同于传统的关系数据模型，它不是面向实现，而是面向现实世界的。

现实世界是千变万化和千差万别的。显然，一种数据模型不可能把这些千变万化和千差万别都反映出来。数据模型应只包含对描述现实世界有普遍意义的抽象概念。在数据模型中，抽象是必需的，模型就是抽象的产物。E-R 数据模型提供了表示实体类型、属性和关系的方法，用来描述现实世界的概念模型。

1.2.1 实体(Entity)

数据是用来描述现实世界的，而描述的对象是形形色色的，有具体的，也有抽象的；有物理上存在的，也有概念性的，如某个员工、某个部门、某架飞机、某辆汽车、某所学校等。这些对象的共同特征是都可以相互区别，否则它们就会被认为是同一个对象。凡是可以互相区别而被人们认识的事、物、概念等统统抽象为实体。在一个单位中，具有共性的一类实体可以划分为一个实体集(Entity Set)，如大型客车、小型轿车、货车等都是实体，但是它们都是汽车。为了便于描述，可以定义“汽车”这个实体集，所有汽车都是这个集合中的一个成员。每辆汽车需要描述的内容是相同的。因此，在 E-R 数据模型中，也有型与值之分：实体集可以作为型来定义，而每个实体可以是它的实例或值。

1.2.2 属性(Attribute)

实体一般具有若干个特征，称之为实体的属性，如学生具有姓名、学号等属性，每个属性都有其取值范围，在 E-R 数据模型中称为值集(Value Set)。在同一实体集中，每个实体的属性及其值集是相同的，但取值可能不同。每一个实体属性对应数据表中的一列。

1.2.3 关系(Relationship)

实体之间会有各种关系，如学生实体与课程实体之间存在选课关系，人与人之间有领导关系、朋友关系等。这种实体与实体之间的关系抽象为联系。

实体间的关系常见的有并列关系及从属关系，如家庭、父亲、母亲、儿子 4 个实体，父亲、母亲及儿子在这个家庭中是并列关系，而父亲、母亲、儿子又分别是家庭中的一个成员，因此父亲、母亲、儿子与家庭又分别是从属关系。

1.3　数据库设计步骤

软件项目开发需要经过需求分析、概要设计、详细设计、编码实现、测试和部署几个重要阶段。接下来，我们来了解一下在各个阶段，数据库设计需要做哪些工作。

(1) 需求分析阶段：分析客户的业务需求，特别是数据处理方面的需求。

(2) 概要设计阶段：绘制数据库的 E-R 模型图，并确认需求文档的正确性和完整性。E-R 模型图是项目组内部设计人员、开发人员、测试人员，以及客户之间进行沟通的重要依据。

(3) 详细设计阶段：首先将概要设计阶段设计的 E-R 模型图转换为相应的数据库表，进行逻辑设计，确定每张表的主、外键；然后运用数据库设计的范式对设计进行审核，并且需要通过专家及项目组进行技术评审；最后选定具体使用的数据库产品(如 SQL Server 或 Oracle 等)。至此，数据库设计的工作基本完成。

(4) 编码实现阶段：根据前一阶段已经设计完成的数据库物理对象及物理对象间的关系，结合用户的业务需求，使用确定好的编程语言及程序设计框架，利用编码的方式将用户需求进行逐一实现。

(5) 测试和部署阶段：此阶段是将之前一个阶段完成的程序设计，使用测试工具将设计好的测试用例数据录入程序进行程序的健壮性测试，从而发现有可能在程序发布后使用过程中出现的漏洞，并将漏洞转移给开发人员进行修改后最终将程序发布上线的过程。

下面我们以一个简单的基金交易管理系统为例，深入讨论一下在软件产品开发的各个阶段，数据库设计所需要完成的相应工作。

1.3.1　需求分析阶段：数据库系统分析

需求分析阶段的重点是调查、收集并分析客户业务数据需求，以及安全性和完整性需求。

常用的需求调查方法有：在客户公司体验工作，组织召开调查会，邀请专人介绍，设计业务调查表等。常用的需求分析方法有：调查客户的公司组织结构，调查各部门的业务需求情况，确定系统边界，与客户代表一起分析系统的各种业务需求。

无论我们需要设计的数据库系统的大小和复杂程度如何，在进行数据库设计的系统分析时，都可以参考以下 4 点来完成。

1. 确定业务需求

在进行数据库分析和设计之前，必须充分了解在这个系统中数据库需要完成的任务和功能。简单来说，我们需要确定数据库要存储哪些数据、实现哪些功能。以一个简单的基金交易管理系统为例，我们需要了解这个系统的基本功能，以及功能与数据的关系。

- 基金公司工作人员(以下简称操作员)可以注册自己的登录账号，并登录系统。
- 操作员可以管理基金产品，包括新增基金产品、修改基金产品的属性、删除基金产品及查询现有基金产品。
- 操作员可以对购买基金的客户信息进行管理。
- 操作员可以负责管理某位客户的个人资金账户，包括开户、冻结、取款、存款等。
- 操作员可以负责为某位客户购买和赎回基金。

在确定系统具有上述功能需求之后，即可开始进行下一步的设计工作。

2. 标识关键实体

明确了功能需求后，必须找出数据库要管理的关键实体，也就是前面讲到的关系数据模型中的实体。我们在面向对象的程序语言中学习过对象的概念，对象可以是有形的事物，如人或产品，也可以是无形的事物，如银行账户、公司部门。在系统中标识这些实体后，与它们相关的实体就会条理清楚。在基金交易管理系统中，我们需要标识出系统中的关键实体。需要注意的是，实体是一个名词，不可出现重复或者含义相同的实体。本例实体具体如下。

- 基金公司工作人员(操作员，也就是本系统的用户)。
- 基金(基金公司发行的基金产品)。
- 客户(购买基金的客户信息)。
- 资金账户(客户需要开一个或多个账户，才能进行基金交易)。
- 基金账户(客户购买基金的相关信息)。

数据库中的每个实体都会拥有一个与其对应的表，也就是在本例设计的数据库中，至少会出现 5 张表，分别是操作员信息表、基金信息表、客户信息表、资金账户信息表和基金账户信息表。

3. 标识对象要存储的详细信息(属性)

将数据库的关键对象标识为实体后，下一步就是标识每个实体所具有的属性，也就是实体需要存储的详细信息，这些属性将会成为表中的列。在基金交易管理系统中，逐步分解每个实体所包含的成员信息，得到如下内容。

- 用户(用户编号、用户名、登录密码、真实姓名、用户性别、创建日期)。
- 基金(基金编号、基金名称、当前价格、基金状态)。
- 客户(客户编号、客户姓名、客户性别、联系电话、住址、电子邮件)。
- 资金账户(资金账户编号、所属客户、账户金额、账户状态、取款密码)。
- 基金账户(基金账户编号、对应资金账户编号、基金编号、数量、价格)。

4. 确定实体之间的关系

关系型数据库最显著的特点是它能够关联数据库中各个实体的相关信息。不同类型的信息可以单独存储，但是如果有需要，数据库引擎可以根据需要将数据组合起来。在设计过程中，要标识实体之间的关系，需要分析这些实体，确定它们在逻辑上是如何关联的，同时添加或标识关键列，建立起实体之间的联系。在基金交易管理系统中，我们可以找到如下关系：

- 一个操作员可以管理多只基金。
- 一个操作员可以管理多个客户。
- 一个客户只能开一个资金账户。
- 一个客户可以购买多只基金。

1.3.2　概要设计阶段：绘制 E-R 图

在需求分析阶段解决了客户的业务和数据处理需求后，接下来就要进入概要设计阶段了。作为数据库设计人员，需要与项目组内的其他成员分享自己的设计思路，共同讨论数据库的设计是否能够满足业务需求和数据处理需求。与建筑行业需要设计施工图，机械行业需要设计零件图一样，数据库设计同样需要以图形化的方式表达出来，这就是 E-R(实体-关系)图。绘制 E-R 图需要使用一些具有特定含义的图形符号，下面将介绍相关理论和图形符号。

1. E-R 图中的实体、属性和关系

在讲解关系数据模型之前，我们已经学习了实体、属性和关系的概念，下面讲解如何使用图形来表示它们之间的关系。

图 1-1 所示是一个简单的 E-R 图，表示的是操作员与基金两个实体之间的关系。从图中我们可以看出：在 E-R 图中，用矩形表示实体，实体一般是名词；用椭圆形表示属性，属性一般也是名词；用菱形表示关系，关系一般是动词。

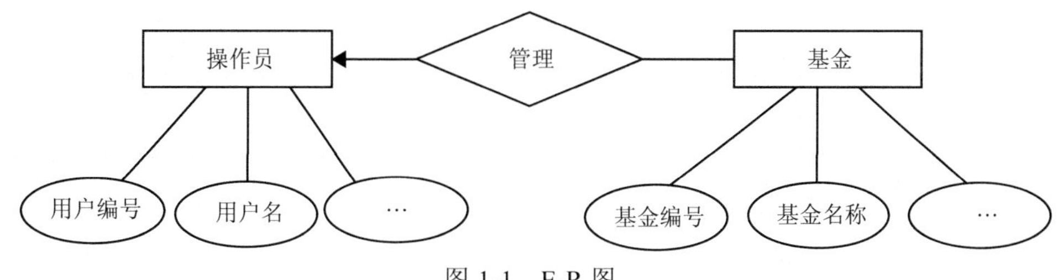

图 1-1　E-R 图

2. 映射基数

映射基数表示可以通过关系与该实体关联的其他实体的个数，对于实体集 A 与实

体集 B 之间的二元关系，可能的映射基数有如下几种。

- 一对一：A 中的一个实体最多只与 B 中的一个实体关联，并且 B 中的一个实体最多也只与 A 中的一个实体关联。以基金交易管理系统为例，一个客户只能申请开一个资金账户，那么客户与资金账户两个实体之间就是一对一的关系(1∶1)。在 E-R 图中表示为如图 1-2 所示。

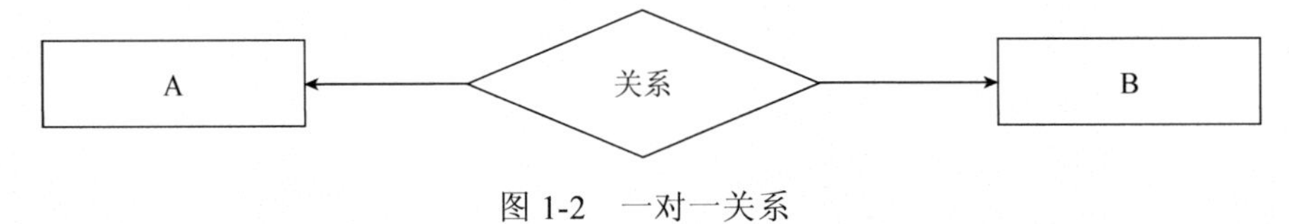

图 1-2　一对一关系

- 一对多：A 中的一个实体可以与 B 中的任意数量的实体关联，B 中的一个实体最多与 A 中的一个实体关联。在本例中，一个操作员可以管理多只基金，操作员与基金之间就是一对多的关系(1∶∞)。在 E-R 图中表示为如图 1-3 所示。
- 多对一：A 中的一个实体最多与 B 中的一个实体关联，B 中的一个实体可以与 A 中的任意数量的实体关联。操作员与基金之间是一对多的关系，反过来说，基金与操作员之间就是多对一的关系。

图 1-3　一对多关系

- 多对多：如果 A 中的一个实体可以与 B 中的任意多个实体关联，而且 B 中的一个实体也可以与 A 中的任意多个实体关联，那么 A 与 B 之间就属于多对多的关系(∞∶∞)。在 E-R 图中表示为如图 1-4 所示。

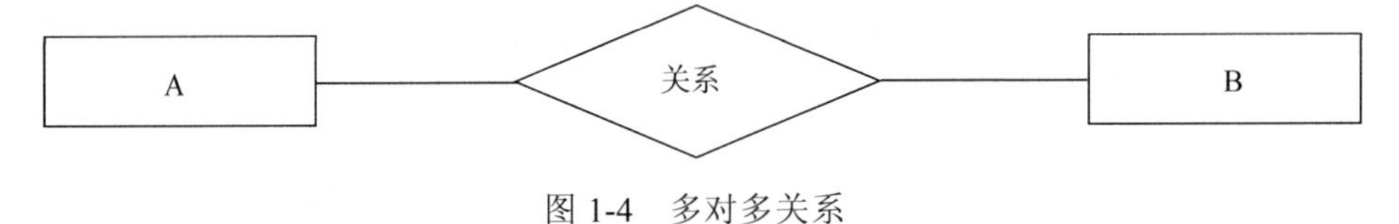

图 1-4　多对多关系

注意，实体与实体间通过关系产生的箭头的方向一定是由“多”指向“一”。

3. E-R 图

我们现在已经知道，E-R 图可以以图形化的方式将数据库的整个逻辑结构表示出来，其组成包括如下几个。

- 矩形：表示实体集。
- 椭圆形：表示属性。
- 菱形：表示关系。

- 直线：用来连接实体集与属性，同时也用来连接实体集与关系。其上的箭头用来表示实体集之间的映射基数。

根据需求分析阶段的分析结果，结合 E-R 图的各种符号，我们就可以绘制出基金交易管理系统的 E-R 图，如图 1-5 所示。

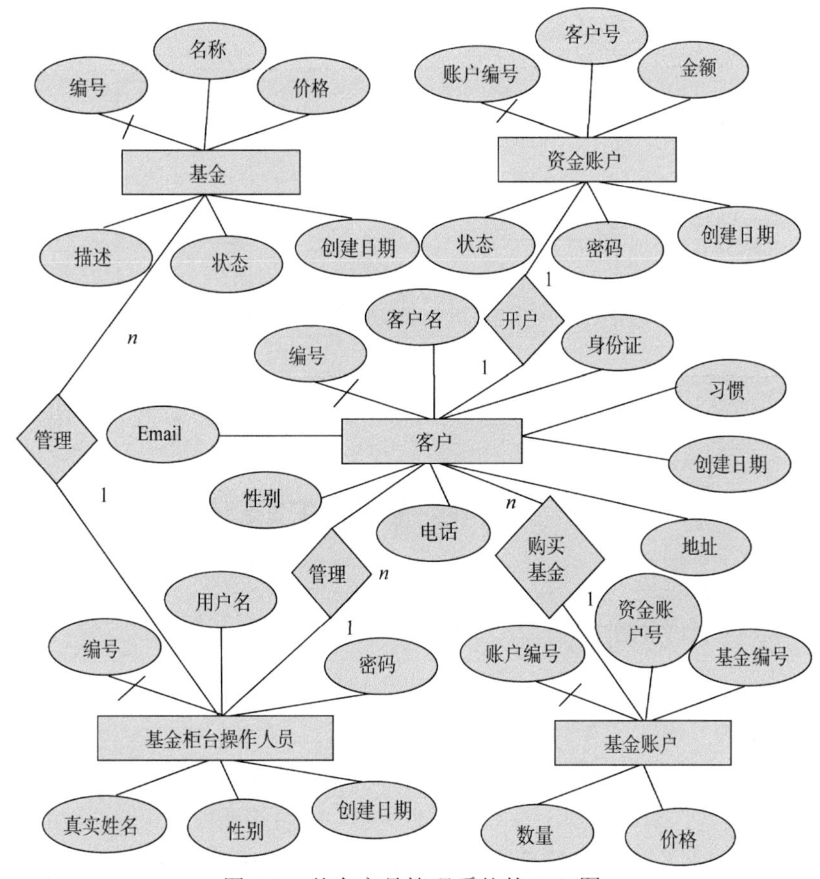

图 1-5 基金交易管理系统的 E-R 图

绘制完 E-R 图之后，还需要进一步与项目组成员及客户进行沟通，搜集修改意见，以确保系统中的数据处理需求能够正确、完整地实现。

1.3.3 详细设计阶段：将 E-R 图转换为表

在概要设计阶段，绘制了整个系统的 E-R 图，在后续的详细设计阶段，我们需要将 E-R 图转换为多张表，并确定每张表的主、外键。步骤如下。

(1) 将各实体转换为对应的表、各属性转换为各表中对应的列。

(2) 标识每张表中的主键。

(3) 将实体之间的关系转换为表与表之间的引用关系。

将基金交易管理系统的 E-R 图，转换为数据库中的表，如图 1-6 所示。

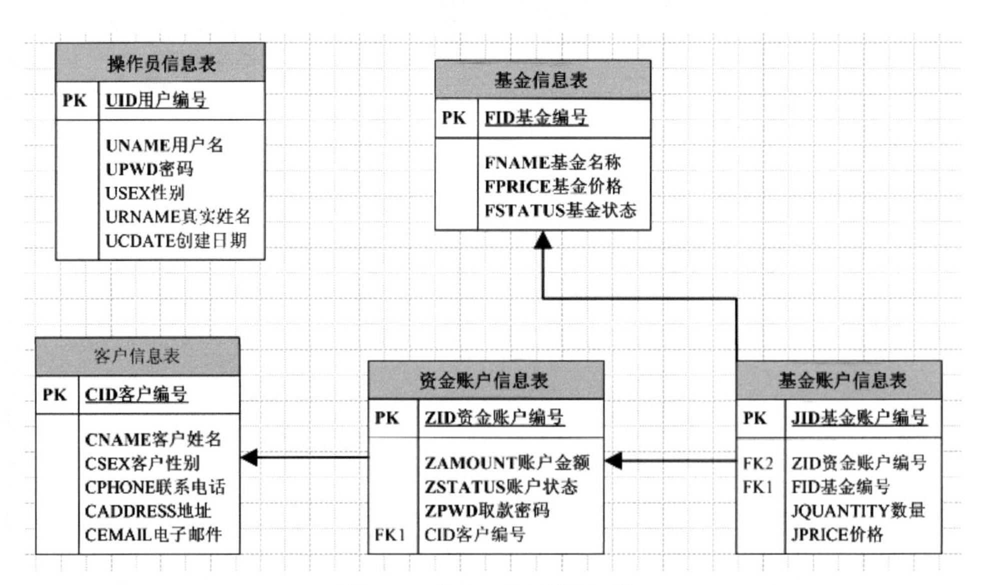

图 1-6　将 E-R 图转换为表

1.4　数据库设计规范化

1.4.1　设计中的问题

我们先分析一下下面的例子。

要求设计一个教学管理数据库，希望从该数据库中经常得到下面的有关信息：学生学号、姓名、年龄、性别、系别，系主任姓名，学生学习的课程号和该课程的成绩等。

对于此例的要求，某同学设计了一个数据库，并使用一张表来进行数据存储，而这一张表保存了所有需要保存的数据，如图 1-7 所示。

结果　消息

	学号	姓名	年龄	性别	系别	导师	课程	成绩
1	94001	艾民	18	男	机械系	田方	C1	88
2	94001	艾民	18	男	机械系	田方	C2	74
3	94001	艾民	18	男	机械系	田方	C3	82
4	94001	艾民	18	男	机械系	田方	C4	65
5	94002	白青	19	男	机械系	田方	C1	92
6	94002	白青	19	男	机械系	田方	C2	82
7	94002	白青	19	男	机械系	田方	C3	78
8	94002	白青	19	男	机械系	田方	C4	83
9	94003	陈兵	18	男	材料系	王敏	C1	72
10	94003	陈兵	18	男	材料系	王敏	C2	94
11	94003	陈兵	18	男	材料系	王敏	C3	83
12	94003	陈兵	18	男	材料系	王敏	C4	87

图 1-7　数据库表

这样的设计一定程度上达到了前述的要求，但同时存在以下问题。

1. 数据冗余大

例如，每个同学都参加考试时，就必须将他们的学号、姓名、性别、系别、导师等全部列举一遍，而每一个系名和系主任的姓名存储的次数等于该系的学生人数乘以每个学生选修的课程门数。

2. 插入异常

当学校刚成立一个只有该系的老师而没有该系的学生的新系时，系名和导师无法插入数据库的表中，因为在这个数据库设计中，学员的个人信息、学员的成绩信息、专业导师信息全都是存放在一个表中的，当数据不完整时，无法完整地表达所存储的数据的意义。如果选择学号作为该表的关键字，在插入系别与导师的信息时，无法确定其学生的学号为多少，则关系数据库无法完成插入操作，因此引起插入异常。

3. 删除异常

当一个系的学生都毕业了而又没招新生时，若删除全部学生记录，则系名和导师名也将被删除。这个系与导师依然存在，而在数据库中却无法找到该系及导师的信息。

4. 更新异常

若某系更换导师，应全部修改数据库中该系的学生记录。如有不慎漏改了某些记录，则会造成数据不一致的错误。

由上述 4 条可见，这个设计不是一个好的设计。一个好的数据库设计应该满足如下条件：

- 尽可能少的数据冗余。
- 不会发生插入异常。
- 不会发生删除异常。
- 不会发生更新异常。

我们把上面的数据库表分解为下面 3 张表，如图 1-8 所示。

- 学生信息表(学号，姓名，年龄，性别，系别)。
- 专业信息表(系别，导师)。
- 成绩信息表(学号，课程，成绩)。

分解后的设计实现了信息的某种程度的分离，并且实体与实体间的耦合度也不高，学生信息表中存储的是学生的基本信息，与所学课程及系主任信息无关；专业信息表中存储的是与专业相关的信息，与学生无关；成绩信息表中存储的是学生所选课程的成绩信息，与学生的基本信息无关。与前面的设计进行比较，显而易见冗余度明显降低。当学校有一个新的系需要注册时，只要在专业信息表中增加一条记录即可，不会引起插入异常。当一个系的学生全部毕业了，仅在学生信息表中删除该系的全部学生记录即可，与系的信息无关，避免了删除异常。由于数据冗余度的降低，更新异常问题也解决了。

	学号	课程	成绩
1	94001	C1	88
2	94001	C2	74
3	94001	C3	82
4	94001	C4	65
5	94002	C1	92
6	94002	C2	82
7	94002	C3	78
8	94002	C4	83
9	94003	C1	72
10	94003	C2	94
11	94003	C3	83
12	94003	C4	87

	学号	姓名	年龄	性别	系别
1	94001	艾民	18	男	机械系
2	94002	白青	19	男	机械系
3	94003	陈兵	18	男	材料系

	系别	导师
1	机械系	田方
2	材料系	王敏

图 1-8　分解的数据库表

为什么将一张表分解为三张表，原来的问题便解决了呢？问题的实质是什么？如何把一个不好的设计分解为好的设计？其理论依据是什么？这是大家必然关心的问题，也是本单元要解决的一个主要问题。

我们知道，要设计的关系模型中的各个属性间是相互关联的，它们之间相互依赖、相互制约，构成了一个结构严谨的整体。因此，在设计数据库时，必须从语义上分析这些关系。

1.4.2　规范设计

一个好的或较好的关系数据库模型，它的每个关系中的属性一定要满足某种内在的语义条件，即要按一定的规范设计关系模型，这就是设计的规范化。规范化可以根据不同的要求而分成若干级别。

在设计数据库时，有一些专门的规则，称为数据库的设计范式，遵守这些规则，将可以创建出设计良好的数据库。代表范式的数字越大相应的级别也就越高，即符合二范式的数据库设计要优于符合一范式设计的数据库，以此类推。就一般使用而言，能满足数据库设计三范式项设计的数据库就已经是比较优秀的数据库设计了，因此下面将逐一讲解数据库设计的三大范式理论。

1. 第一范式(1NF)

第一范式是满足关系数据库模型设计所要遵循的最基本的范式，即实体中的每个属性必须是不可再分的简单项，不能是属性组合，也就是要保证实体中每一个属性的原子性。

例如：学生信息表(学生编号，姓名，家庭住址，…)，其中家庭住址还可以细分为国家、省、市、区等，当然，有时由于业务的需求并不是所有的属性在设计时都一定需要满足绝对的原子性，因此数据库在设计时还是要以业务需求为准。例如，西方部分国家会把姓和名作为两个不同的属性，但在我们国家姓名通常是作为一个整体的，如果分开了，确实满足了姓名这个属性的原子性，但根据实际需求这样并不是一个好的设计。

注意

并不是任何时候都需要将保存地址信息的字段分为国家、省、市、区等字段，要根据实际情况灵活地对数据库进行设计，而不是规定的固定格式。

2. 第二范式(2NF)

第二范式是在第一范式的基础上，确保表中的每列都和主键相关，即保证实体的完整性。

第二范式有以下两个规则：

- 表设计必须符合第一范式。
- 表中的每列必须依赖主键，即每一列必须与主键列有关系。

例如：订单表(订单编号，商品名称，购买日期，价格，…)。该表描述了订单信息，其中，订单编号被设为该表的主键，购买日期和价格这两列都与主键相关，但商品名称与订单编号并没有关系，即商品名称不依赖于主键列，因此要满足第二范式，应从该表中删除该列后，此列通过创建“商品信息表”将商品名称移入“商品信息表”中。

3. 第三范式(3NF)

第三范式是在满足第二范式设计的基础上更进一步的设计。第三范式的目标是确保每列都和主键列直接相关，而不是间接相关。其定义是：如果一个表设计满足第二范式，并且除了主键外的其他列既不部分依赖也不传递依赖于主键列，则满足第三范式。

这里需要解释一下什么是传递依赖。假设 A、B 和 C 是关系 R 的 3 个属性，以→表示依赖关系，如果 A→B 且 B→C，则可以得出 A→C，此依赖即为传递依赖。

例如：订单表(订单编号，购买日期，顾客编号，顾客姓名，…)，该表每列都和主键列订单编号相关，满足第二范式。但仔细分析会发现顾客姓名和顾客编号相关，顾客编号又与订单编号相关，最后导致了顾客姓名与订单编号相关，也就是顾客姓名传递依赖于订单编号。因此，为了满足第三范式，我们应该通过新建“顾客信息表”的方式将顾客姓名移至“顾客信息表”。

在了解用于规范化数据库设计的三大范式之后，我们回过头来审核一下前面经过拆分后的三张表：

第一范式要求每列必须是最小的原子单元，学生姓名和班主任姓名可以拆分为姓和名两列，目的是方便查询。但由于目前我们没有根据姓氏查询的需求，因此可以不拆分，满足第一范式。

第二范式要求每列必须与主键相关，对于不相关的列放入别的表中。我们将一张表拆分成三张表，实际上就是为了满足第二范式。

第三范式要求表中各列必须和主键列直接相关，不允许间接相关。审查每张表，满足要求，符合第三范式。

1.4.3 保持数据“规范”

规范化的概念是在编程过程中最常被引用，但是最容易被误解的概念。每个人都会认为自己的做法是规范的做法，而实际上规范的做法往往只有一个是被公认的，这就需要某个组织对规范进行定义。然而，规范化很容易成为很多数据库设计者的“绝对标准”——以此来说明他们是“真正的”数据库设计师。而实际上，这只能表明他们仅仅懂得了什么是范式。规范化实际上只是提供了数据库设计的思维方式。

这里需要注意的是：规范化只是一个理论，作为一个出色的、有经验的数据库设计人员，不要仅限于书本上的知识。在实际应用中，数据库的设计是为了更好地适合实际的应用，因此，数据库的设计方式是灵活多变的。

数据库设计的最终原则不是规范化，而是设计最适合实际应用需要的数据库。

【单元小结】

- 规范数据库设计。
- 关系数据模型。
  - E-R 数据模型。
  - 实体。
  - 属性。
  - 关系。
- 数据库设计步骤。
  (1) 数据库系统分析。
  (2) 绘制 E-R 图。
  (3) 将 E-R 图转换为表。
- 使用三大范式规范化数据库设计。

【单元自测】

1. 关系数据库模型中的主要元素是实体、属性和(　　)。

A. 实体集　　B. 值集

C. 属性集　　D. 关系

2. 在项目开发的概要设计阶段，数据库设计需要完成的工作是(　　)。

A. 标识关键对象　　B. 确定对象之间的关系

C. 绘制 E-R 图　　D. 将 E-R 图转换为表

3. 在 E-R 图中，实体、属性和关系分别用(　　)来表示。

A. 矩形、菱形、椭圆　　B. 矩形、椭圆、菱形

C. 椭圆、菱形、矩形　　D. 圆、矩形、菱形

4. 一名学生可以选修多门课程，同时一门课程可被多名学生选修，学生和课程之间是(　　)关系。

A. 一对一　　B. 一对多

C. 多对一　　D. 多对多

5. 关于数据库三大范式，以下说法错误的是(　　)。

A. 数据库设计满足的范式级别越高，数据库性能越好

B. 数据库的设计范式有助于规范数据库的设计

C. 数据库的设计范式有助于减少数据冗余

D. 一个好的数据库设计可以不满足某条范式

【上机实战】

上机目标

- 使用 PowerDesigner 15.2 绘制概念模型图(CDM)。
- 生成物理模型图(PDM)。
- 生成 SQL Server 数据库的 SQL 建库脚本。

本次上机的任务是学习使用 PowerDesigner 数据库建模工具，绘制理论课中设计的基金交易管理系统数据库对应的概念模型图，并生成物理模型图，最后自动生成 SQL 脚本。

上机练习

◆ 第一阶段 ◆

练习 1：使用 PowerDesigner 15.2 绘制概念模型图

【问题描述】

随着数据库应用系统的广泛使用，各大数据库厂商与第三方合作开发了各自的智能化数据库建模工具，如 Sybase 公司的 PowerDesigner、Rational 公司的 Rational Rose、Oracle 公司的 Case*Method 及 Microsoft 公司的 Visio 等，它们是同一类型的计算机辅助软件工程(Case)工具。Case 工具把开发人员从繁重的劳动中解脱出来，大大提高了数据库应用系统的开发效率和质量。

PowerDesigner 是 Sybase 公司的数据库建模工具，它几乎包括了数据库模型设计的全过程，使用它可以方便地对各种数据库系统进行分析和设计。使用 PowerDesigner 可以绘制数据流程图、概念模型图、物理数据模型，也可以自动生成适合于各种数据库对应的建库脚本，同时还可以对团队设计模型进行控制。

PowerDesigner 中涉及的几种模型如下。

- 概念数据模型(Conceptual Data Model，CDM)

概念数据模型表现的是数据库的逻辑结构，与具体采用哪种数据库产品无关，数据库模型图对应我们理论课中学习的 E-R 图，它采用的各种模型符号与标准的 E-R 图符号略有不同。

- 物理数据模型(Physical Data Model，PDM)

物理数据模型描述数据库的具体物理实现，这里需要指定所采用的是哪种数据库，如 SQL Server 或 Oracle 等。在此基础上我们可以创建表、约束、视图、索引及触发器等各种数据库对象，并自动生成数据库对应的 SQL 脚本。可以由 CDM 概念模型图自动生成 PDM 物理模型图。

- 业务流程模型(Business Process Model，BPM)

业务流程模型描述业务的各种不同内在任务和流程。BPM 是从合作伙伴的观点来看业务逻辑和规则的概念模型，使用一个图表描述程序、流程、信息和合作协议之间的交互关系。

- 面向对象模型(Object Oriented Model，OOM)

面向对象模型包含一系列包、类、接口及它们之间的关系。这些对象一起形成一个软件系统逻辑涉及视图的类结构。面向对象模型实质上是软件系统的一个静态概念模型。

在软件开发过程中，首先要进行需求分析，并完成系统的概要设计。其次系统分析员可以利用 BPM 描述出业务流程图，利用 OOM 和 CDM 设计出系统和数据库的逻辑模型。然后进行详细设计，利用 OOM 完成系统框架设计，并利用 PDM 完成数据库的详细设计，得到建库脚本。最后根据 OOM 生成源代码框架进入编码阶段。

本阶段我们将根据基金交易管理系统对应的 E-R 模型图，绘制概念模型图。

【问题分析】

在实际的软件开发过程中，数据库的设计通常都是由概念结构设计开始的，在这个阶段，我们并不需要关注实际的物理实现细节，只需要考虑实体、属性及实体之间的关系。PowerDesinger 中的概念模型完成数据库的逻辑结构设计，与任何数据库的存储结构无关。我们将使用 PowerDesigner 15.2 绘制概念模型图，熟悉各种模型的符号及用法。

【参考步骤】

绘制概念模型图(CDM)的步骤如下。

(1) 启动 PowerDesigner。

在 Windows 的开始菜单中启动 PowerDesigner，如图 1-9 所示。

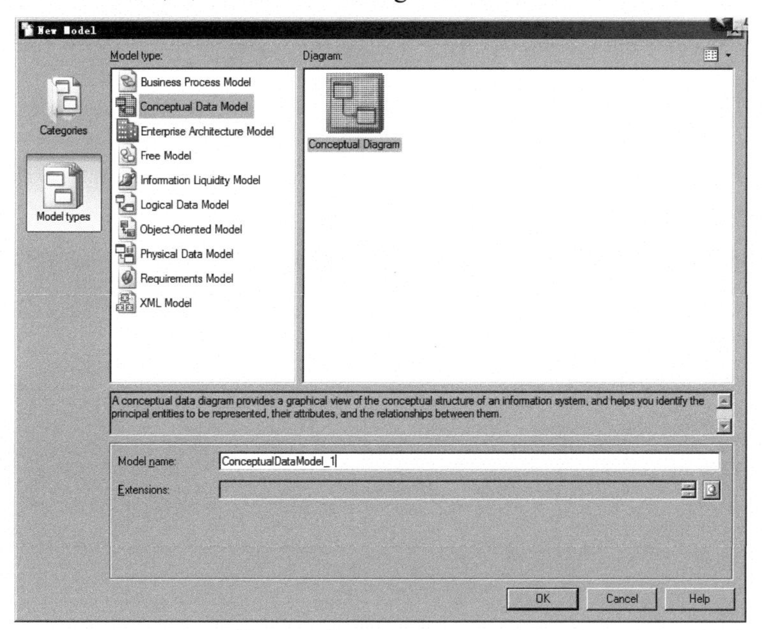

图 1-9　启动 PowerDesigner

(2) 新建概念模型图。

PowerDesigner 中的概念模型图类似于我们理论课中讲解的 E-R 图，只是表示的符号略有不同。在打开的 PowerDesigner 窗口中选择菜单：File→New Model，出现如

图1-9所示的“新建”对话框，在左侧选择区域选择Model types→Conceptual Data Model，然后单击“确定”按钮，创建一个新的概念模型图。

单击“确定”按钮后，出现如图 1-10 所示的窗口。左侧的浏览窗口用于浏览各种模型对象，右侧为绘图窗口，下方为信息输出窗口，可以从绘图工具面板(Palette)中选择各种模型符号绘制概念模型图。

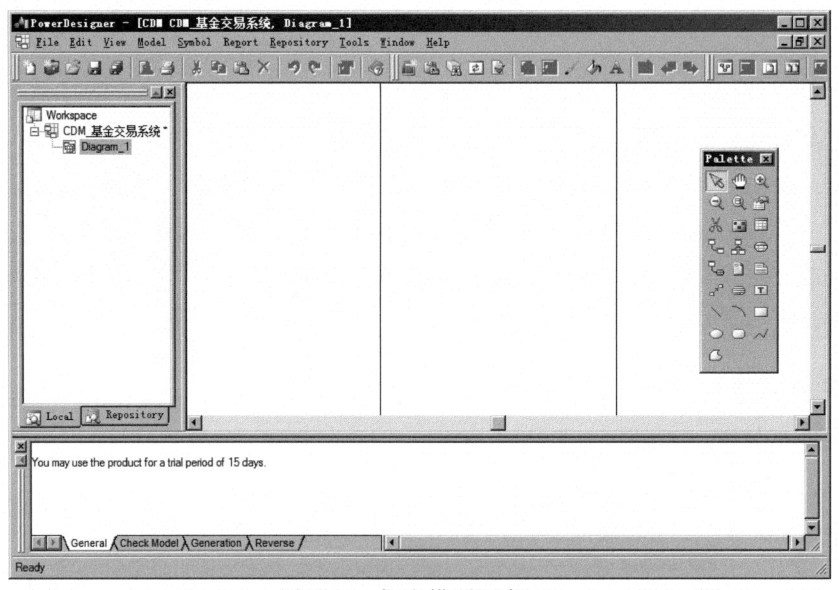

图 1-10　概念模型图窗口

(3) 添加实体。

在绘图工具面板中选择“实体”(Entity)图标时，光标变为实体图标形状，单击绘图窗口，创建一个实体，如图 1-11 所示。

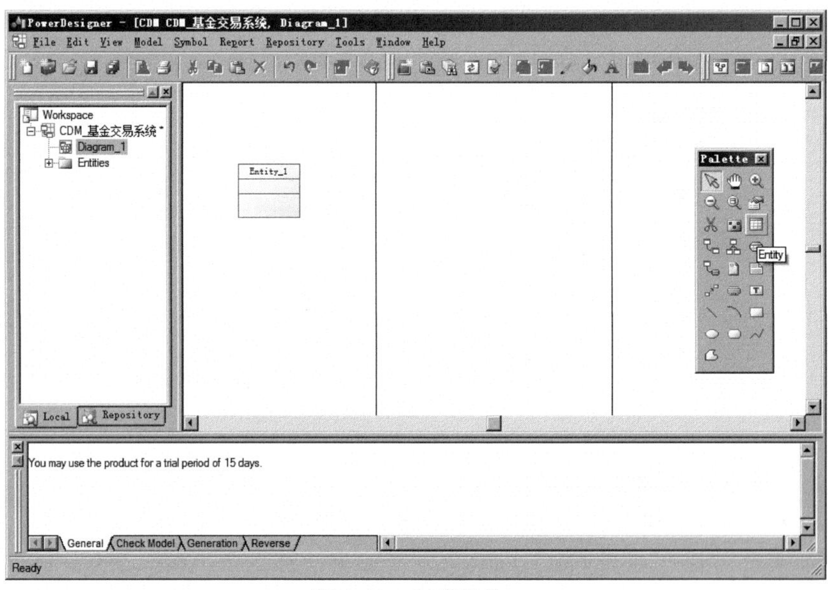

图 1-11　创建实体

在绘图窗口的空白区域右击时光标恢复为正常状态，然后双击该实体，将打开如图 1-12 所示的 Entity Properties(实体属性)对话框。

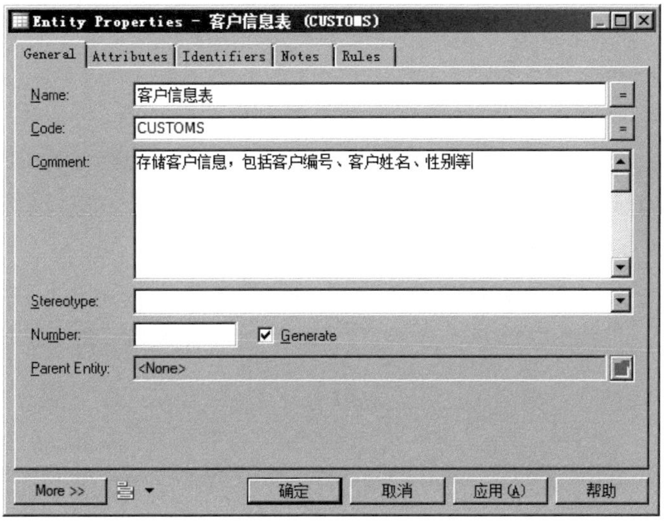

Entity Properties - 客户信息表 (CUSTOMS)
General | Attributes | Identifiers | Notes | Rules
Name: 客户信息表
Code: CUSTOMS
Comment: 存储客户信息，包括客户编号、客户姓名、性别等
Stereotype:
Number:　Generate
Parent Entity: <None>
More >>　确定　取消　应用(A)　帮助

图 1-12　“实体属性”对话框

在其中的 General 选项卡中输入 Name、Code 和 Comment，具体含义如下。

- Name：实体的名字，一般使用中文，如客户信息表。
- Code：实体的代号，一般使用英文，如 Customs。
- Comment：注释，输入该实体的详细说明。

(4) 添加属性。

PowerDesigner 中的概念模型图不像 E-R 图中使用椭圆表示属性，我们只需要切换到 Attributes(属性)选项卡即可，如图 1-13 所示。

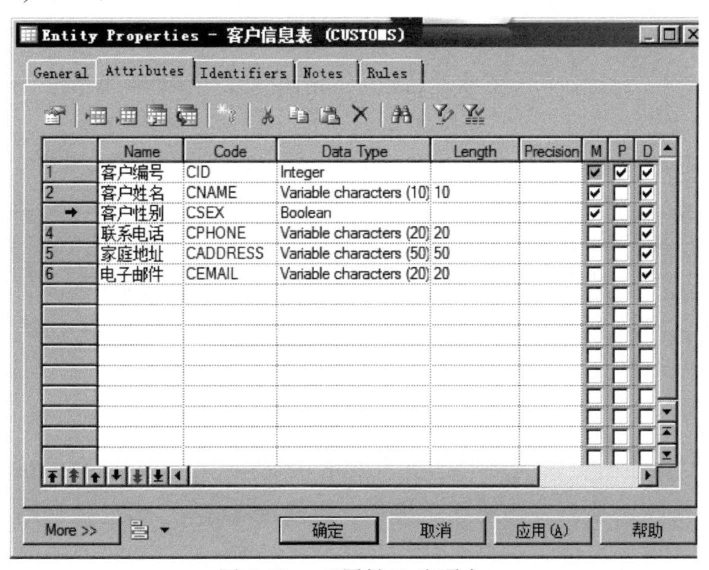

图 1-13　“属性”选项卡

其中属性选项卡中主要项目的含义如下。

- Name：属性名，一般使用中文表示，如客户编号。
- Code：属性代号，一般使用英文表示，如 CID。
- Data Type：数据类型。
- Length：长度，表示此属性的最大字符长度。
- M：即 Mandatory，强制属性，表示该属性是否为必填项。
- P：即 Primary Identifer，表示是否为主键。
- D：即 Displayed，表示在实体符号中是否显示。

接下来我们完成资金账户实体，并添加相应的属性，如图 1-14 所示。

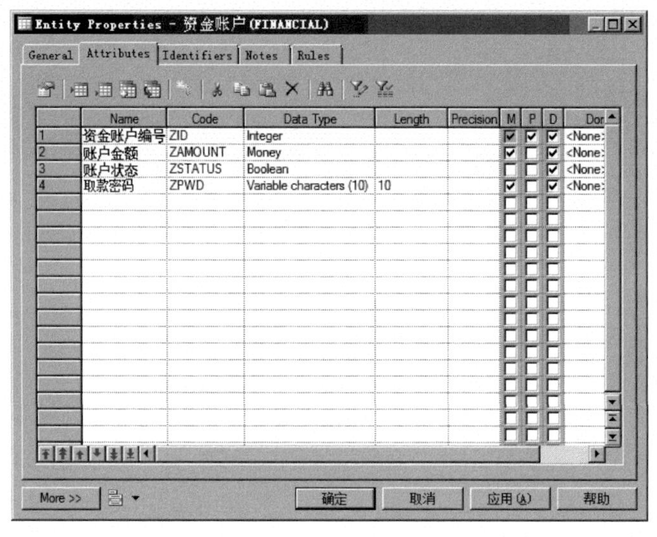

图 1-14　添加属性

(5) 添加实体之间的关系。

在绘图工具面板上单击关系(Relationship)图标，然后单击第一个实体“客户信息表”，保持左键按下的同时把鼠标拖曳到第二个实体“资金账户”上，然后释放左键，一个默认的关系就建立了，如图 1-15 所示。

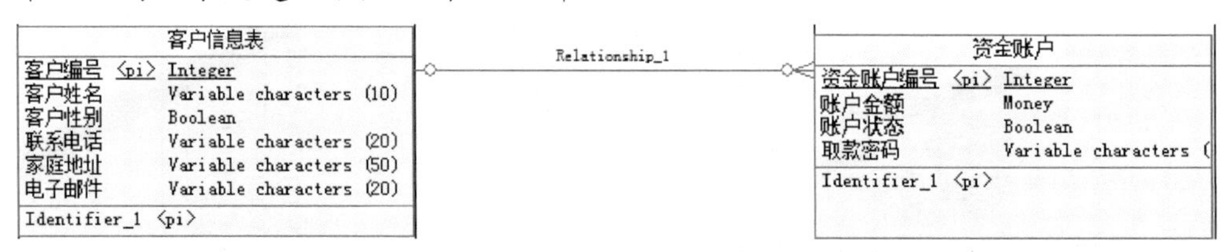

图 1-15　关系的建立

双击刚刚建立的关系，打开 Relationship Properties(关系属性)对话框，在 General(常规)选项卡中修改关系的名称为“开户”、代码为 Open。然后切换到 Cardinalities (基数)选项卡，设定实体间的映射基数，如图 1-16 所示。

经过分析我们已经知道客户实体与资金账户实体之间的开户关系是一对一的关

系，也就是说一个客户只能开一个资金账户，因此在对话框中选择“One-One”。

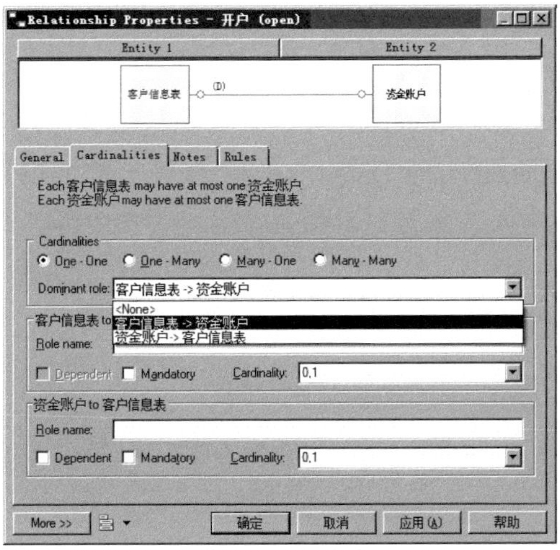

图 1-16　设定映射基数

(6) 保存概念模型图。

文件后缀名默认为*.CDM，输入文件名“基金交易概念模型图”。

(7) 检查概念模型。

我们绘制的概念模型可能出现某些错误，如没有指定属性名、关系指定不正确等，因此在绘制完概念模型图后，一般需要进行检查。

选择菜单 Tools→Check Model，出现“检查”对话框，单击“确定”按钮进行检查，检查结束后得到如图 1-17 所示的内容。

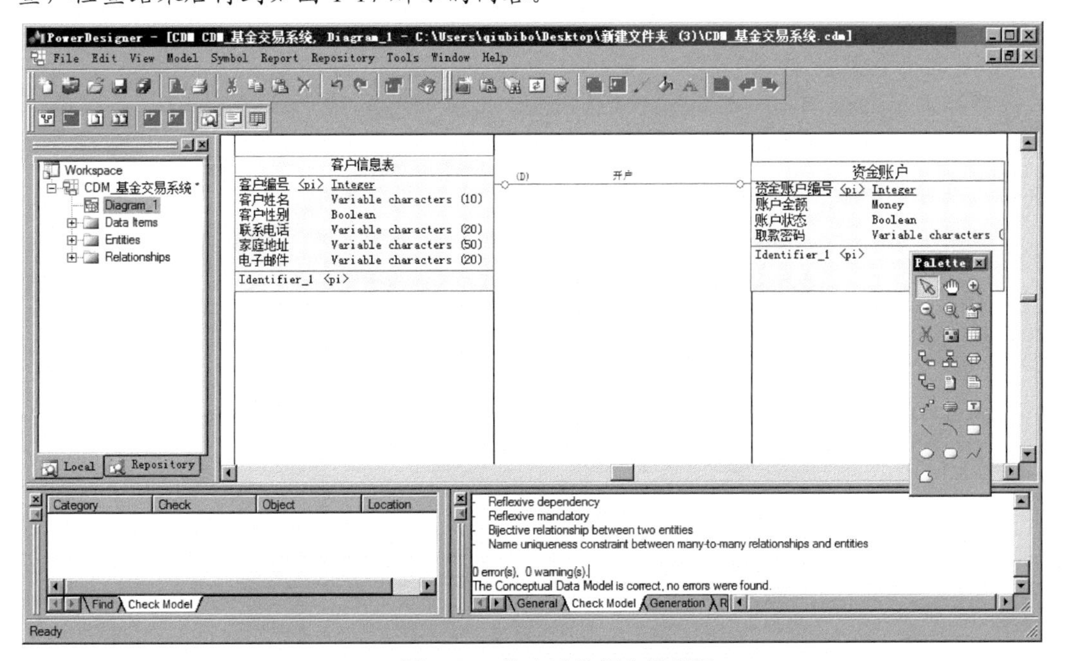

图 1-17　检查后的概念模型图

如果有错误，Result List 中将出现错误信息，可以根据这些错误提示进行修改，直到出现“0 error(s)”为止。

(8) 生成物理模型图。

在确定了项目采用的具体数据库之后，就可以根据概念模型图生成物理模型图。选择菜单 Tools→Generate Physical Data Model，出现如图 1-18 所示的对话框，选择所要采用的数据库类型，输入文件名，后缀名默认为“*.PDM”，单击“确定”按钮保存文件。

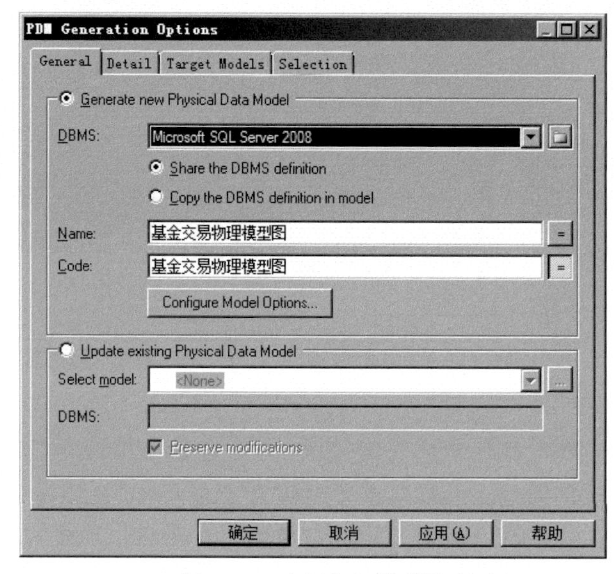

图 1-18　选择物理模型图选项

(9) 生成 SQL 数据库脚本。

选择菜单 Data Base→Generate Database，出现如图 1-19 所示的对话框。

输入脚本文件保存的路径，并输入文件名“基金交易”，单击“确定”按钮，将自动生成对应的数据库 SQL 脚本文件，默认文件扩展名为“*.sql”。

需要说明的是：PowerDesigner 生成的 SQL Server 脚本并不包括建库语句。

图 1-19　Database Generation 对话框

◆ 第二阶段 ◆

练习 2：使用 PowerDesigner 15.2 完成基金交易系统的数据库设计

【问题描述】

在第一阶段中，我们根据基金交易系统的 E-R 图，在 PowerDesigner 15.2 中绘制了概念模型图，但图上只包括客户和资金账户两个实体。现在我们将另外三个实体也加入概念模型图中，完善数据库设计。

【问题分析】

- 在概念模型中添加用户实体、基金实体和基金账户实体。
- 给新添加的实体设置属性。
- 设置实体之间的关系，基金与基金账户有一对多的关系，资金账户与基金账户也有一对多的关系。
- 由概念模型图重新生成物理模型图。
- 重新生成 SQL Server 对应的 SQL 脚本。

【拓展作业】

1. 根据关系数据库模型的理论重新设计第一学期学生选课系统的数据库，确定实体、属性和关系。
2. 绘制学生选课系统的数据库 E-R 模型图，并使用数据库设计三大范式进行审核。
3. 使用 PowerDesigner 绘制学生选课系统的概念模型图。
4. 生成物理模型图，并自动生成 SQL Server 数据库脚本。

单元 二

Transact-SQL 编程

课程目标

- 掌握变量的定义和使用
- 掌握输出语句
- 掌握逻辑控制语句
- 理解批处理的概念

简 介

在这一单元中我们将向大家介绍 Transact-SQL。Transact-SQL 用于管理 SQL Server 数据库引擎实例，创建和管理数据库对象，插入、检索、修改和删除数据。Transact-SQL 是对按照国际标准化组织(ISO)和美国国家标准协会(ANSI)发布的 SQL 标准定义的语言的扩展。和我们学过的 Java 语言一样，它支持变量的定义、输出、逻辑控制语句，这些内容一般被称为 T-SQL 编程。

2.1 变　量

在 Java 中，变量是一种可以存储数据值的对象。Transact-SQL 中可以使用两种变量：一种是局部变量(Local Variable)，一种是全局变量(Global Variable)。在方法中声明的变量叫作局部变量，声明为 static 的变量叫作全局变量。

2.1.1 局部变量

局部变量是用户可自定义的变量，它的作用范围仅在程序内部，在程序中通常用来存储从表中查询到的数据或当作程序执行过程中暂存的变量。使用局部变量必须以@开头，而且必须先用 DECLARE 命令说明后才可使用。

声明局部变量的语法为：

```
DECLARE @变量名 变量类型 [, @变量名 变量类型]
```

在 Transact-SQL 中不能像在一般的程序语言中一样使用“变量=变量值”来给变量赋值，而必须使用 SELECT 或 SET 命令来设定变量的值。

例：定义变量。

```
--定义变量
DECLARE @id char(10)      --声明一个长度为 10 个字符类型并且变量名为 id 的变量
DECLARE @age int          --声明一个整数类型并且变量名为 age 的变量
```

为局部变量赋值的语法为：

```
SELECT @局部变量= 变量值
```

或

```
SET @局部变量= 变量值
```

例如：分别给上个例子中定义的两个变量赋值。

```
SELECT @id = '11111'
SET @age = 20
```

上面的例子中分别使用“11111”给变量 id 赋值和使用“20”给变量 age 赋值，但根据应用场景不同两者也有一些区别，如表 2-1 所示。

表 2-1　应用场景不同下两种变量的区别

应用场景	SELECT	SET
对多个变量同时赋值时	支持	不支持
表达式返回多个值时	将返回的最后一个值赋给变量	出错
表达式未返回值时	变量保持原值	变量被赋 null 值

下面来看一个例子：有学生信息表(StuInfo)结构如图2-1 所示，要求根据座位号找出张无忌的前后同学。

	StuNo	StuName	StuSex	StuAge	StuSeat
1	S2001	张三丰	男	17	1
2	S2002	张无忌	男	15	2
3	S2003	梅超风	男	20	3

图 2-1　StuInfo 表

解题思路：

第一步，找出 StuName 列值为“张无忌”的学生对应的 StuSeat。

第二步，对张无忌的座位号加 1 或减 1。

```
/*--查找排在张无忌前面与后面的同学--*/
--定义一个表示学生座位号的变量
DECLARE @Seat int
--使用 SELECT 将查询的结果赋予变量@Seat
SELECT @Seat = StuSeat FROM StuInfo WHERE StuName = '张无忌'
--根据'张无忌'的座位号找到前后的同学
SELECT * FROM StuInfo
WHERE (StuSeat = @Seat + 1) or (StuSeat = @Seat - 1)
GO
```

以上 SQL 语句执行后的结果如图 2-2 所示。

	StuNo	StuName	StuSex	StuAge	StuSeat
1	S2001	张三丰	男	17	1
2	S2003	梅超风	男	20	3

图 2-2　查找张无忌的前后同学

从上面的示例中可以看出，局部变量可用于在程序中保存临时数据、传递数据。SELECT 赋值语句一般用于从表中查询数据，然后再赋给变量。

注意

SELECT 语句需要确保筛选的记录不多于一条。如果多于一条，将把最后一条记录的值赋给变量。

例：查询表中年龄最小的学生姓名，如图 2-3 所示。

```
--SELECT 将查询的最后一条记录的值赋给变量
DECLARE @StuName varchar(10)
SELECT @StuName = StuName FROM StuInfo ORDER BY StuAge DESC
PRINT @StuName
```

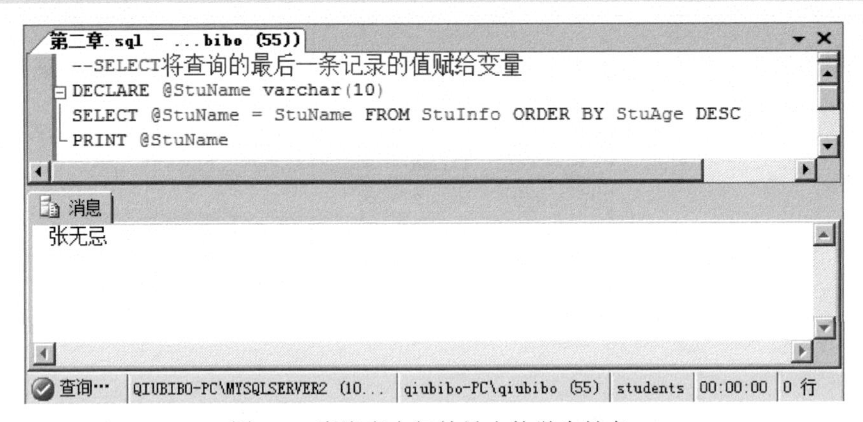

图 2-3　查询表中年龄最小的学生姓名

将 StuInfo 表中所有数据按照年龄值降序排列，则年龄最小的数据被排到查询结果的最下面，当通过 SELECT 赋值时将查询结果的最下面一行数据的 StuName 列的值赋给变量 StuName，因此，通过上面编写的 SQL 语句可以获得年龄最小的学生姓名为张无忌。

2.1.2　全局变量

全局变量是 SQL Server 系统内部使用的变量，其作用范围并不局限于某一程序，而是任何程序均可随时调用。全局变量通常存储 SQL Server 的一些配置设定值和效能统计数据。用户可在程序中用全局变量来测试系统的设定值或 Transact-SQL 命令执行后的状态值。

全局变量不是由用户在程序中定义的，而是由数据库管理工具的开发者在服务器级预先已经完成定义，数据库管理工具的使用者直接使用的变量。引用全局变量时必须以@@开头，局部变量的名称不能与全局变量的名称相同，否则会在应用中出错。

常用的全局变量如表 2-2 所示，我们将在后续章节中举例说明。

表 2-2　常用的全局变量

变　量	含　义
@@CONNECTIONS	返回 SQL Server 自上次启动以来尝试的连接数，无论连接是成功还是失败
@@CURSOR_ROWS	返回连接上打开的上一个游标中的当前限定行的数目
@@ERROR	返回执行的上一个 Transact-SQL 语句的错误号
@@IDENTITY	返回最后插入的标识值的系统函数
@@LANGUAGE	返回当前所用语言的名称
@@MAX_CONNECTIONS	返回 SQL Server 实例允许同时进行的最大用户连接数
@@PROCID	返回 Transact-SQL 当前模块的对象标识符(ID)。Transact-SQL 模块可以是存储过程、用户定义函数或触发器
@@ROWCOUNT	返回受上一语句影响的行数
@@SERVERNAME	返回运行 SQL Server 的本地服务器的名称
@@SERVICENAME	返回 SQL Server 正在其下运行的注册表项的名称。若当前实例为默认实例，则@@SERVICENAME 返回 MSSQLSERVER；若当前实例是命名实例，则该函数返回该实例名
@@VERSION	返回当前的 SQL Server 的安装版本、处理器体系结构、生成日期和操作系统

2.2 输出语句

Transact-SQL 支持输出语句，用于输出处理的数据结果。常用的输出语句的语法有以下两种。

```
PRINT 变量或表达式
```

```
SELECT 变量或表达式
```

例如：

```
--分别使用 PRINT 和 SELECT 显示数据，如图 2-4 所示
PRINT '数据库服务器名：' + @@SERVICENAME
SELECT 15 * 8
```

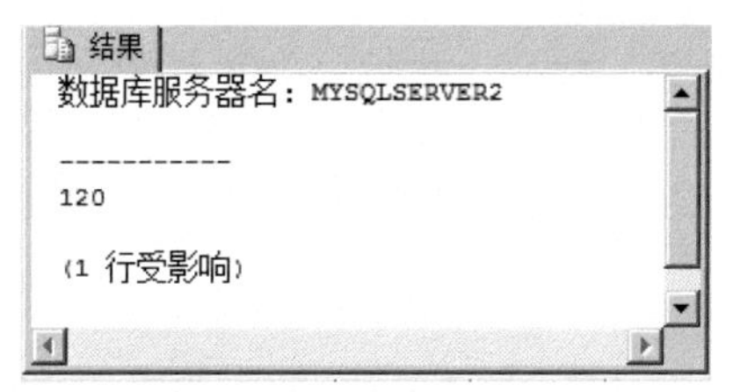

图 2-4　使用 PRINT 和 SELECT 输出数据

由于 PRINT 命令向客户端返回一个结果的字符串的信息，因此如果变量值不是字符串，则必须先用数据类型将CONVERT()函数转换为字符串。注意，返回的字符串的长度可以超过 8000 个字符，但超过 8000 个字符的内容将不会显示。

例如，如果 StuInfo 表中的学号字段定义为标识列(自动编号列)，则该列的值将会自动生成，在插入学生信息时，不用填写学号列的值，系统会自动根据预定规则给该列分配值。数据插入成功后，可以通过显示全局变量的值来查看当前自动编号的值，如图 2-5 所示。

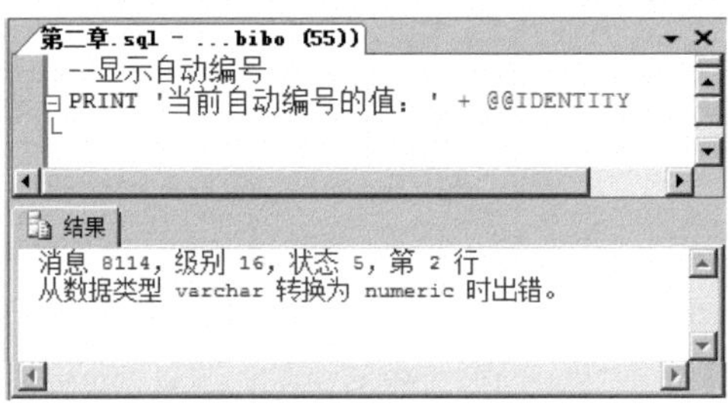

图 2-5　查询@@IDENTITY 的值(错误)

由于全局变量@@IDENTITY 的值的类型为整型，要解决以上问题，需使用我们曾经学过的转换函数，将数值转换为字符串，如图 2-6 所示。

```
第二章.sql - ...bibo (55))
--显示自动编号
PRINT '当前自动编号的值：' + CONVERT(VARCHAR(10), @@IDENTITY)

结果
当前自动编号的值：5
```

图 2-6　查询@@IDENTITY 的值(正确)

2.3　逻辑控制语句

Transact-SQL 语言是在 SQL 语言的基础上添加了流程控制语言发展而来的，在 Transact-SQL 语言中可以使用 IF、WHILE 等流程控制语句来处理数据库操作中的业务逻辑。Transact-SQL 语言使用的流程控制命令与常见的程序设计语言类似，常用的主要有以下几种控制命令。

2.3.1 IF-ELSE

IF-ELSE 的语法如下：

```
IF <条件表达式>
<命令行或语句块>
[ELSE [条件表达式]
<命令行或语句块>]
```

其中<条件表达式>可以是各种表达式的组合，但表达式必须能够返回一个真或假的逻辑值，ELSE 子句是可选的，最简单的 IF 语句没有 ELSE 子句部分。IF-ELSE 用来判断当某一条件成立时执行某条语句，条件不成立时则执行另一条语句。IF-ELSE 可以进行嵌套使用。如果有多条语句，需要使用语句块，多行语句组成的语句块必须使用 BEGIN 表示开头，使用 END 表示结尾，其作用相当于编程语言中的“{}”。

例：假定有一个学生成绩表 StuScore，内容如图 2-7 所示。

	StuID	StuSex	Chinese	English	Math
1	S2001	男	75	80	90
2	S2002	男	76	56	54
3	S2003	女	90	92	70
4	S2004	女	70	72	80

图 2-7 学生成绩表 StuScore

根据图 2-7 统计分析本班男生的平均成绩和女生的平均成绩，如果男生的平均成绩高于女生，则输出“男生成绩优于女生成绩”，并显示平均分排名第一名的男生的成绩信息。否则，输出“女生成绩优于男生成绩”，并显示平均分排名第一名的女生的信息。

解题思路：

第一步，分别统计男生和女生的平均成绩并分别存入局部变量中。

第二步，用 IF-ELSE 结构判断，输出结果。

```
--定义变量
DECLARE @maleScore float
DECLARE @femaleScore float

--第一步，分别统计男生和女生的平均成绩并存入局部变量中。
SELECT @maleScore = AVG((Chinese + English + Math) / 3) FROM StuScore
WHERE StuSex = '男'
SELECT @femaleScore = AVG((Chinese + English + Math) / 3) FROM StuScore WHERE
StuSex = '女'
PRINT '男生平均成绩：' + CONVERT(VARCHAR(5),@maleScore)
PRINT '女生平均成绩：' + CONVERT(VARCHAR(5),@femaleScore)

--第二步，用 IF-ELSE 结构判断，输出结果。
```

```
IF @maleScore >@femaleScore
    BEGIN
      PRINT '男生成绩优于女生成绩，男生第一名是：'
      SELECT TOP 1 * FROM StuScore WHERE StuSex = '男'
          ORDER BY (Chinese + English + Math) DESC
    END
ELSE
    BEGIN
      PRINT '女生成绩优于男生成绩，女生第一名是：'
      SELECT TOP 1 * FROM StuScore WHERE StuSex = '女'
          ORDER BY (Chinese + English + Math) DESC
    END
```

上述代码的输出结果如图 2-8 所示。

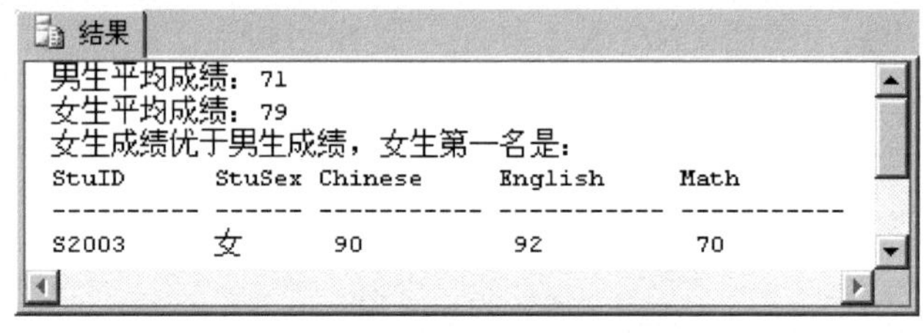

图 2-8　学生成绩表 StuScore 的排名结果

SELECT 语句默认设置是将结果输出到“结果窗口”中，并以网格的形式显示，PRINT 是将结果输出到“消息窗口”中以文本的形式显示。为了将上述代码的结果都以文本的形式输出到一个窗口中，需要做以下设置，单击“工具”→“选项”→“查询结果”选项，将“显示结果的默认方式”改为“以文本格式显示结果”，或者单击如图 2-9 所示的快捷按钮。

图 2-9　快捷按钮

2.3.2　WHILE…CONTINUE…BREAK

WHILE…CONTINUE…BREAK 的语法如下：

```
WHILE <条件表达式>
BEGIN
<命令行或语句块>
[BREAK]
[CONTINUE]
[命令行或语句块]
END
```

WHILE 命令在设定的条件成立时会重复执行命令行或语句块。CONTINUE 命令可以让程序跳过 CONTINUE 命令之后的语句块，回到 WHILE 循环的第一行命令。BREAK 命令则让程序完全跳出循环，结束 WHILE 命令的执行。WHILE 语句也可以嵌套。

例：在 StuScore 表中，如果学生的平均成绩没有达到 80 分，便给每位同学的数学成绩加 1 分，然后再次判断平均成绩是否达到 80 分，否则继续加分，这样反复加分，直到其平均成绩超过 80 分。

解题思路：

第一步，计算 StuScore 表中学生的平均成绩。

第二步，如果平均成绩没有达到 80 分，则执行加分操作。

第三步，循环判断。

代码如下：

```
DECLARE @score float
SELECT @score = AVG((Chinese + English + Math) / 3) FROM StuScore

WHILE(@score < 80)
 BEGIN
  UPDATE StuScore SET Math = Math + 1 WHERE Math <= 100
  SELECT @score = AVG((Chinese + English + Math) / 3) FROM StuScore
END
```

2.3.3　CASE

CASE 语法如下：

```
CASE
WHEN <条件表达式> THEN <运算式>
WHEN <条件表达式> THEN <运算式>
[ELSE <运算式>]
END
```

CASE 命令可以嵌套到 SQL 命令中。

例：将 StuScore 成绩表中的学生成绩用五分制显示，具体如下。

- 5 分：80 分以上
- 4 分：60～79 分
- 3 分：40～59 分
- 2 分：20～39 分
- 1 分：0～19 分

解题思路：根据每个学生的成绩进行多分支判断，如图 2-10 所示。

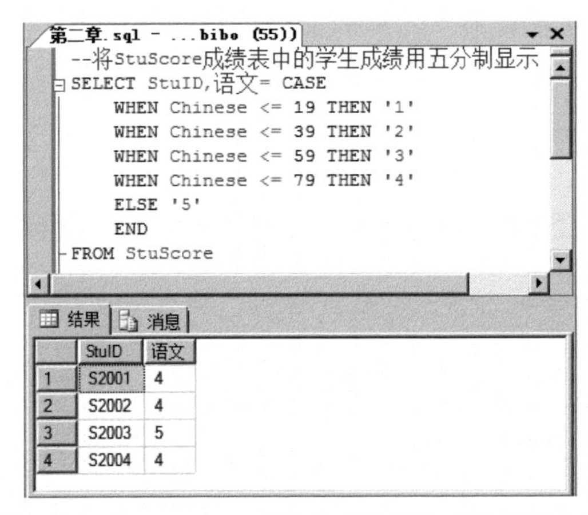

图 2-10　将 StuScore 成绩表中的学生成绩用五分制显示

代码如下：

```
--将 StuScore 成绩表中的学生成绩用五分制显示
SELECT StuID,语文= CASE
        WHEN Chinese <= 19 THEN '1'
        WHEN Chinese <= 39 THEN '2'
        WHEN Chinese <= 59 THEN '3'
        WHEN Chinese <= 79 THEN '4'
        ELSE '5'
        END
FROM StuScore
```

2.4 批 处 理

批处理是包含一个或多个 Transact-SQL 语句的组，从应用程序一次性地发送到 SQL Server 2012 进行执行。SQL Server 将批处理的语句编译为一个可执行单元，称为执行计划。执行计划中的语句每次执行一条。

批处理示例如下：

```
USE Students
GO
```

GO 关键字标志着批处理的结束。

如果批处理语句中出现编译错误(如语法错误)，执行计划将无法编译，同时批处理中的任何语句将不被执行。

例：向 Students 数据库 StuInfo 表中添加一条数据，如图 2-11 所示。

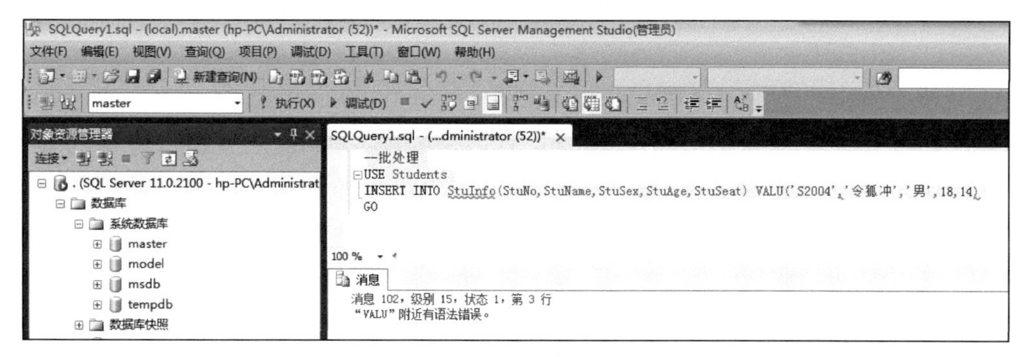

图 2-11 批处理

在图 2-11 的代码中，关键字 VALUES 发生了书写错误，执行语句时会发生编译错误，导致执行计划无法编译，批处理中的任何语句都不会被执行。从图中大家可以看到，执行批处理前后当前的数据库都是 master，说明批处理语句中的“USE Students”并没有得到执行。

另外，假定在批处理中有 10 条语句，并且这些语句都没有语法上的错误，且第一条语句顺利完成，但在执行第二条语句时出现了运行时错误，这时候，第一条语句执行的结果不受影响，因为它已经完成。

【单元小结】

- 变量的使用。要先用 DECLARE 关键字声明，然后用 SET 或 SELECT 赋值。局部变量前必须有“@”作前缀，全局变量必须有“@@”作前缀。
- 变量的输出可以用 PRINT 或 SELECT 语句。
- 逻辑控制语句提供了条件操作所需的顺序和逻辑。
- 了解 T-SQL 编写工具。
- 批处理可以提高语句执行的效率，使用“GO”作为结束标志。

【单元自测】

1. 若在批处理中有语法错误，则批处理中的任何语句都不会被执行。这种说法(　　)。

A. 对　　　　B. 错

2. 在给变量赋值时可以采用(　　)方式。

A. ELECT　　　　B. PRINT

C. SET　　　　D. =

3. Transact-SQL 中的输出语句是(　　)。

A. PRINT　　　　B. WRITE

C. SELECT　　　　D. SET

4. 关于 SQL 的变量，下列说法正确的是(　　)。

A. 定义局部变量的语法为 declare 数据类型@标识符

B. 为局部变量赋值可以用 set，得到其值可以用 get

C. SQL 的系统全局变量用法是：在某个数据库中改变其值，在另一个数据库中仍然可以读取

D. SQL 可以自定义全局变量，但其用法和局部变量差不多

5. (　　)作为批处理的结束标志。

A. RETURN　　　　B. QUIT

C. GO　　　　D. EXIT

【上机实战】

上机目标

- 变量的定义和使用
- 输出语句
- 逻辑控制语句

上机练习

◆ 第一阶段 ◆

练习 1：变量与 IF 的使用

【问题描述】

编写一个程序，输出指定学生的成绩信息。

【问题分析】

首先查询出指定学生的学生编号，将学生编号保存到一个变量中，然后根据变量中保存的学生编号值，查询输出学生的成绩信息。

【参考步骤】

首先创建数据库 Student，然后创建学生信息表 StuInfo(sid, sname, sex)、学生成绩表 StuScore(id, sid, exam)，向两个表中插入测试数据。

StuInfo 表结构如表 2-3 所示。

表 2-3　StuInfo 表结构

列　　名	数据类型	备　　注
sid	INT	主键、自动增长列
sname	VARCHAR(10)	
sex	CHAR(2)	

StuScore 表结构如表 2-4 所示。

表 2-4　StuScore 表结构

列　　名	数据类型	备　　注
id	INT	主键、自动增长列
sid	INT	外键
exam	INT	

(1) 书写代码*。

```
DECLARE @name varchar(10)
DECLARE @sid INT

SET @name = '孙悟空'
SELECT @sid = sid FROM StuInfo WHERE sname = @name

IF @sid IS NOT NULL   --判断学生 id 是否为空，如果没有此学生，则@sid 的值为 NULL
 BEGIN
        SELECT @sid 学生编号,@name 学生姓名,exam 考试成绩 FROM StuScore
               WHERE sid = @sid
 END
ELSE
 BEGIN
        PRINT '没有学生' + @name + '的信息！'
 END
GO
```

(2) 如果查询的学生存在，则示例结果如图 2-12 所示。

结果 | 消息

	学生编号	学生姓名	考试成绩
1	2	孙悟空	82

图 2-12　查询结果 1

(3) 将上述代码中的学员姓名改为“孙悟”时，学员不存在，如果查询的学生不存在，则示例结果如图 2-13 所示。

图 2-13　查询结果 2

练习 2：WHILE 语句的使用

【问题描述】

统计全班总人数、总平均分，男生人数、男生平均分，女生人数、女生平均分。

【问题分析】

根据 StuScore 表可以比较容易地统计出全班总人数、总平均分。要统计出男、女生人数及各自的平均分就不是那么容易了，因为在表 StuScore 中只有学生的成绩信息，而没有学生的性别信息。此时我们可以使用联合查询合并两个表的信息，用 SELECT…INTO 将合并后的信息放到一个临时表中，然后对这个临时表进行操作。

【参考步骤】

(1) 定义变量。

(2) 使用联合查询将两个表的信息合并，用 SELECT…INTO 将合并后的信息放到一个临时表中。

(3) 对临时表进行统计操作，将结果放入变量中。

(4) 输出变量中存放的信息。

完整代码如下：

```
DECLARE @man INT ,@manScore INT
```

```
DECLARE @woman INT ,@womanScore INT
DECLARE @total INT ,@totalScore INT

SELECT @man = COUNT(*) FROM stuinfo WHERE sex='男'
SELECT @woman = COUNT(*) FROM stuinfo WHERE sex='女'
SELECT @total = COUNT(*) FROM stuinfo

SELECT a.sid,sname,sex,exam INTO #T1 FROM stuinfo a, stuscore b
WHERE a.sid = b.sid       ---将查询结果放入临时表 #T1 中

SELECT @manScore = AVG(exam) FROM #T1 WHERE sex='男'     ---对临时表进行操作
SELECT @womanScore = AVG(exam) FROM #T1 WHERE sex='女'
SELECT @totalScore = AVG(exam) FROM #T1

PRINT '---------------------------------'
PRINT '全部总人数：' + CONVERT(varchar(10),@total) + '          ' + '平均分：' +
CONVERT(varchar(10),@totalscore)
PRINT '---------------------------------'
PRINT '男生人数：' + CONVERT(varchar(13),@man) + '          ' + '平均分：' +
CONVERT(varchar(10),@manscore)
PRINT '---------------------------------'
PRINT '女生人数：' + CONVERT(varchar(13),@woman) + '          ' + '平均分：' +
CONVERT(varchar(10),@womanscore)
```

结果如图 2-14 所示。

图 2-14　统计结果

◆ 第二阶段 ◆

练习 3：第三个程序

【问题描述】

编写一个 T-SQL 程序块，对男生和女生的平均分进行分类统计，得出谁的成绩好的结论。

【问题分析】

- 计算男生的平均分，将值保存到变量中。
- 计算女生的平均分，将值保存到变量中。
- 输出男生和女生的平均分。
- 比较男生与女生的平均分，如果男生高，则输出男生比女生学得好，否则输出女生比男生学得好。

练习 4：给学生加分

【问题描述】

如果学生的平均分没有达到 80 分，则需要给学生进行加分操作。假设每次成绩加 1 分，看平均成绩是否超过 80 分，如果没有超过，再给每人成绩加 1 分，看是否超过，这样反复加分，直到其平均成绩超过 80 分。

【问题分析】

- 计算 StuScore 表中学生的平均成绩。
- 如果平均成绩没有超过 80 分，则执行加分操作。在执行加分操作时要注意，如果某个学生的成绩已经为 100 分了，则不应再执行加分操作。
- 循环判断，直到学生的平均成绩超过 80 分。

【拓展作业】

1. 使用系统变量，输出 SQL Server 的本地服务器的名称、数据库实例名。

2. 定义一个变量，将指定的学生姓名赋予该变量。首先查找该学生的信息是否存在，如果存在，则将表 StuInfo、StuScore 中该学生的信息删除；否则输出“×××学生的信息不存在!”。

3. 统计全班平均成绩，如果高于 80 分，则输出“全班这次考得不错，要继续保持哟！”；否则，输出“全班这次考得不太理想，要奋起直追哟！”。

4. 编定一个 T-SQL 块，分别统计输出男生、女生的平均成绩。

5. 如果学生的平均分没有达到 80 分，则需要给学生进行加分操作，直到平均分达到 80 分。

加分规则如下。

- 成绩分高于 80 不予加分。
- 70~79：每次加 1 分。
- 60~69：每次加 5 分。
- 小于 60：每次加 10 分。

单元三

SQL 高级查询

课程目标

- ▶ 嵌套子查询
- ▶ 聚合技术
- ▶ 排序函数
- ▶ 公式表表达式

简 介

数据库的查询是数据库中重要的功能之一。在前面的单元中讲述了 SQL Server 2012 中比较常用的一些查询技术，但在实际开发过程中有一些查询的要求无法通过普通查询实现。在本单元中我们通过一些特殊的场景讲述 SQL Server 2012 中的一些高级查询技术，包括嵌套子查询、聚合技术、排序函数、集合运算符和公式表表达式。

3.1 嵌套子查询

3.1.1 子查询简介

当一个查询是另一个查询的条件时，称之为子查询。子查询可以使用几个简单命令构造功能强大的复合命令。子查询最常用于 SELECT-SQL 命令的 WHERE 子句中。子查询是一个 SELECT 语句，它嵌套在一个 SELECT、SELECT...INTO 语句、INSERT...INTO 语句、DELETE 语句或 UPDATE 语句中，或者嵌套在另一个子查询中。

嵌套 SELECT 语句也叫子查询，一个 SELECT 语句的查询结果能够作为另一个语句的输入值。子查询不但能够出现在 Where 子句中，也能够出现在 from 子句中，作为一个临时表使用；还能够出现在 select list 中，作为一个字段值来返回。子查询按照不同的使用场景也可分为单行子查询和多行子查询。

(1) 单行子查询。单行子查询是指子查询的返回结果只有一行数据。当主查询语句的条件语句中引用子查询结果时可用单行比较符号(=, >, <, >=, <=, <>)来进行比较。

(2) 多行子查询。多行子查询即子查询的返回结果是多行数据。当主查询语句的条件语句中引用子查询结果时必须用多行比较符号(IN,ALL,ANY)来进行比较。其中，IN 的含义是匹配子查询结果中的任一个值即可("IN" 操作符，能够测试某个值是否在一个列表中)；ALL 则必须要符合子查询的所有值；ANY 符合子查询结果的任何一个值即可。需要注意的是，ALL 和 ANY 操作符不能单独使用，只能与单行比较符结合使用。

有如下两个表：StuInfo 表用于存储学员的信息，StuMarks 表用于存储学员的分数，两个表的结构如图 3-1 所示，表中的数据如图 3-2 所示。

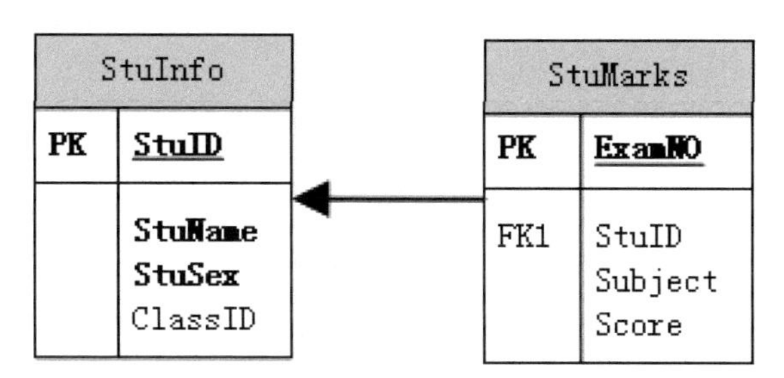

图 3-1　表结构

	StuID	StuName	StuSex	ClassID
1	1	李四	男	1
2	2	钱七	女	2
3	3	王五	男	1
4	4	张三	女	1
5	5	赵六	女	2

	ExamNO	StuID	Subject	Score
1	1	1	HTML	85
2	2	1	Java	80
3	3	1	SQL	82
4	4	2	HTML	70
5	5	2	Java	81
6	6	2	SQL	60
7	7	3	HTML	70
8	8	3	Java	90
9	9	3	SQL	85
10	10	4	Java	61
11	11	4	SQL	68
12	12	5	HTML	90
13	13	5	Java	81
14	14	5	SQL	65

图 3-2　表数据

我们首先建立一个查询，要求查找所有分数大于 80 的分数记录。所使用的 SQL 查询如下：

```
SELECT * FROM StuMarks WHERE Score > 80
```

查询结果如图 3-3 所示。

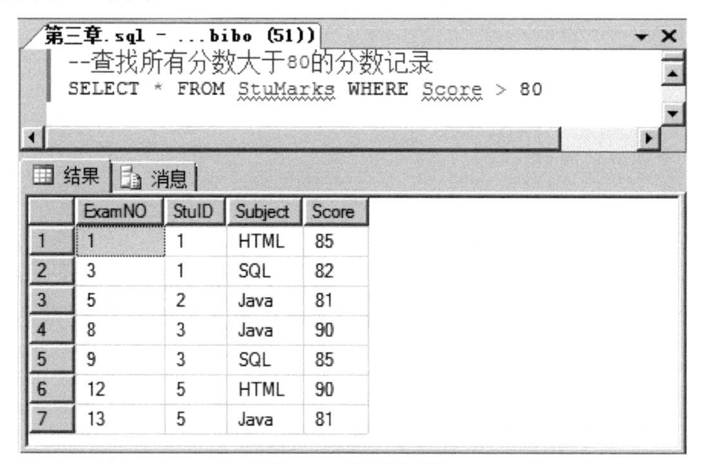

	ExamNO	StuID	Subject	Score
1	1	1	HTML	85
2	3	1	SQL	82
3	5	2	Java	81
4	8	3	Java	90
5	9	3	SQL	85
6	12	5	HTML	90
7	13	5	Java	81

图 3-3　查询结果

上述要求只需要使用已经学过的知识就能够解决。来看看下面这个问题：查询“李四”同学的分数大于 80 分的考试成绩记录。

使用曾经学习过的连接查询可以实现，结果如图 3-4 所示。

```
--查询“李四”同学的分数大于 80 分的记录。连接查询
SELECT StuName, Subject, Score
FROM StuInfo S1, StuMarks S2
WHERE S1.StuID = S2.StuID
AND S1.StuName = '李四' AND S2.SCORE > 80
```

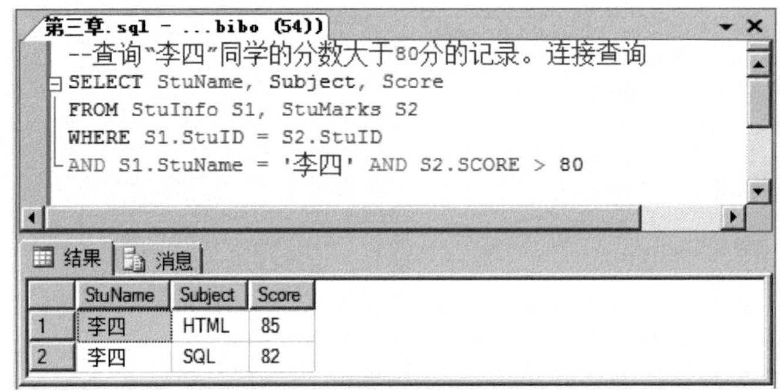

图 3-4　连接查询结果

除了上述的方法以外，也可以用如下思路来处理问题。

(1) 找到分数大于 80 分的学员。

(2) 连表，将找到的学员的分数与姓名部分连接起来。

(3) 根据姓名查找到已选出的数据中“李四”的成绩。

根据这个思路，使用以下语句来实现，结果如图 3-5 所示。

```
--查询“李四”同学的分数大于 80 分的记录。子查询
SELECT StuName, Subject, Score FROM StuInfo S1,
(SELECT * FROM StuMarks WHERE Score > 80) S2
WHERE S1.StuID = S2.StuID AND S1.StuName = '李四'
```

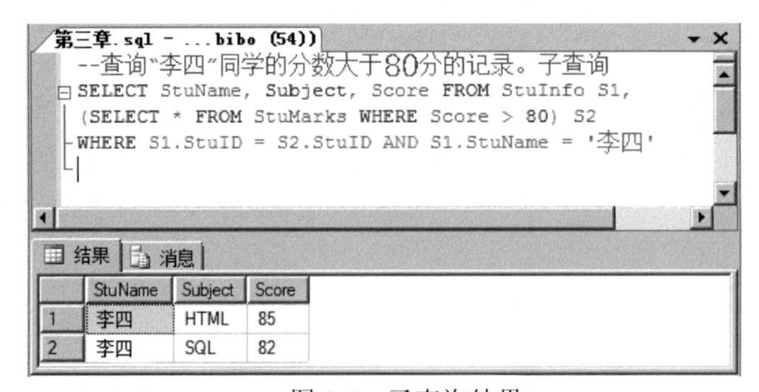

图 3-5　子查询结果

上述代码小括号中的查询被称为子查询或内部查询，包含该查询的查询语句为外部查询。

子查询的使用非常灵活多变，在实际的项目开发中，特别是在较为复杂的数据查询中，子查询已成为解决问题必不可少的部分。

子查询的特点和优势如下。

(1) 使用灵活。

- 可以成为 SQL 语句的多个部分。
- 子查询作为查询条件使用。
- 子查询作为临时表使用。
- 子查询作为列使用。

(2) 能够降低 SQL 查询语句的复杂度，提高 SQL 查询语句的可读性。

以下通过例子来逐个讲解在各个部分如何使用子查询。

- 子查询作为查询条件使用。

例：查询学号在王五同学前面的学员信息，结果如图 3-6 所示。

```
--查询学号在王五同学前面的学员信息
SELECT * FROM StuInfo WHERE StuID < (SELECT StuID FROM StuInfo WHERE StuName
='王五')
```

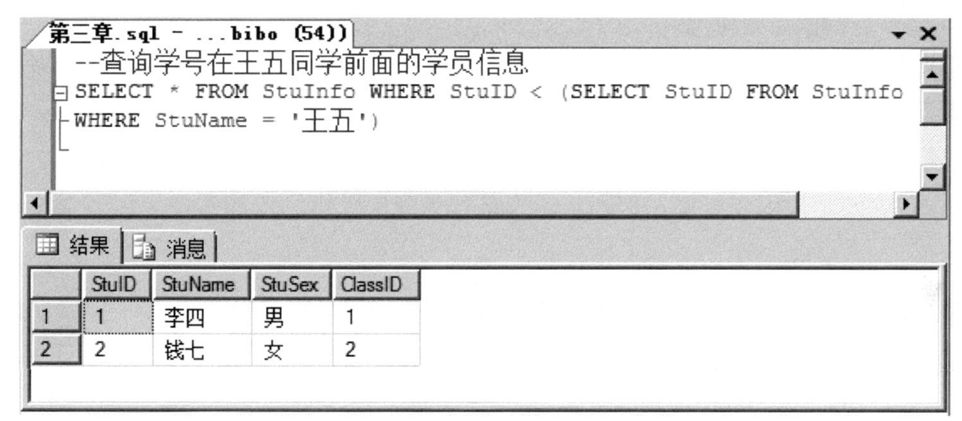

图 3-6　子查询作为查询条件的查询结果

该查询的思路：通过子查询找到王五同学的学号，然后将子查询的结果作为 WHERE 子句的“<”后面的条件部分。

在查询条件中使用“>”“<”“=”符号后的子查询的结果只能有一个值。

- 子查询作为临时表使用。

例：查询所有学员的“HTML”成绩，如果没有成绩显示成“NULL”。查询结果如图 3-7 所示。

```
--查询所有学员的"HTML"成绩，如果没有成绩显示成"NULL"。
SELECT S1.*, S2.Score FROM StuInfo S1 LEFT OUTER JOIN
(SELECT * FROM StuMarks WHERE Subject = 'HTML') S2
ON S1.StuID = S2.StuID
```

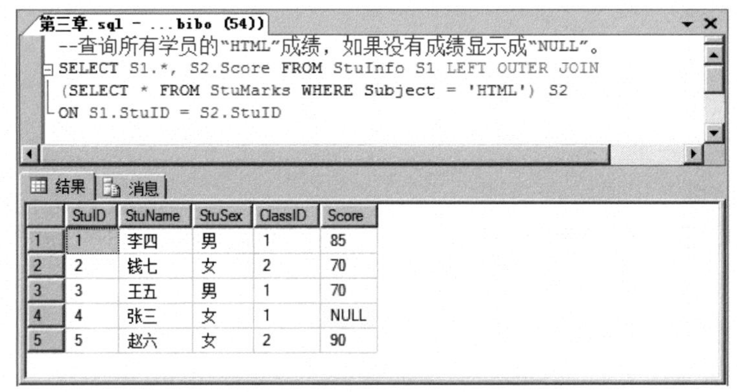

图 3-7　子查询作为临时表的查询结果

该查询的思路：以上示例中将子查询的结果作为一个临时表与 StuInfo 表进行左外连接，让连接后的查询结果仅筛选出 Subject 为 HTML 的成绩记录。

● 子查询作为列使用。

例：查询所有学员的"HTML"成绩，如果没有成绩显示成"NULL"。查询结果如图 3-8 所示。

同样还是使用上个例子，上个例子是将子查询作为临时表，进行外连接来实现其要求。现在还是使用子查询，但是将子查询作为列来使用，也能实现上述要求。代码如下：

```
--查询所有学员的"HTML"成绩，如果没有成绩显示成"NULL"。
--子查询作为列
SELECT S1.*,(SELECT Score FROM StuMarks S2 WHERE S1.StuID = S2.StuID AND Subject
= 'HTML') Score
FROM StuInfo S1
```

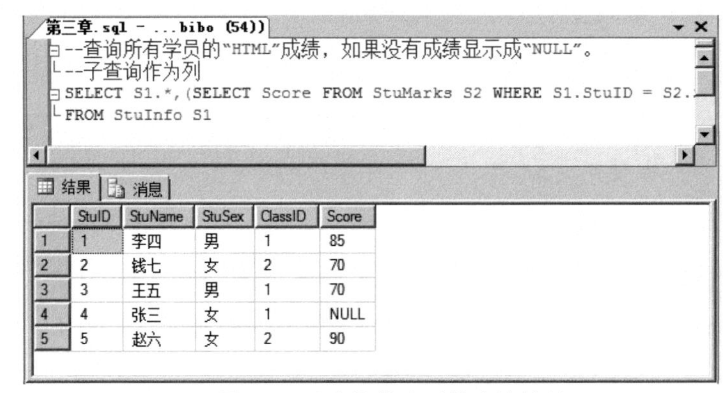

图 3-8　子查询作为列的查询结果

3.1.2　使用 IN 和 NOT IN 完成子查询

IN 和 NOT IN 通常在 WHERE 子句中使用，在 IN 和 NOT IN 后接的子查询中，可以有多个值出现。

例：查询学号为 1 和 3 的学员信息。结果如图 3-9 所示。

```
--查询学号为 1 和 3 的学员信息。
SELECT * FROM StuInfo WHERE StuID IN (1, 3)
```

第三章.sql - ...bibo (54))

```
--查询学号为1和3的学员信息。
SELECT * FROM StuInfo WHERE StuID IN (1, 3)
```

结果　消息

	StuID	StuName	StuSex	ClassID
1	1	李四	男	1
2	3	王五	男	1

图 3-9　IN 子查询 1

由上例，可以清楚地看到，IN 子句中可以包含多个值，值之间使用逗号隔开。

例：查找 Java 分数大于 85 分的学员姓名。结果如图 3-10 所示。

```
--查找 Java 分数大于 85 分的学员姓名。
SELECT StuName FROM StuInfo WHERE StuID IN
(SELECT StuID FROM StuMarks
WHERE Score > 85 AND Subject = 'Java')
```

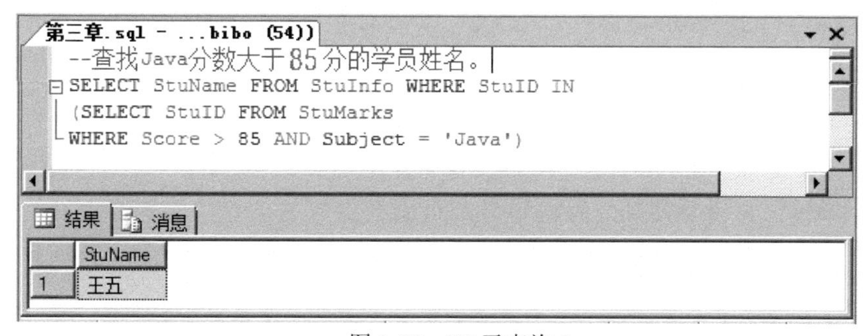

图 3-10　IN 子查询 2

NOT IN 的用法与 IN 一样，其后面都会跟上一个条件序列，该条件序列可以是一个用逗号隔开的多个常量组成的序列，也可以是一个以结果为常量序列的子查询。唯一的区别就是意义相反，IN 是查询结果包含在声明的条件序列中，NOT IN 是查询结果不包含在所声明的条件序列中。

3.1.3 使用 EXISTS 和 NOT EXISTS 完成子查询

使用 EXISTS 语句可以测试集合是否为空，EXISTS 语句通常与子查询结合在一起使用。只要子查询中至少返回一个值，则 EXISTS 语句的值就为 True。EXISTS 运算符的含义为“存在”，即用于从一个数据集中查询在另一个数据集(子查询)中存在的数据记录。使用 EXISTS 关键字引入一个子查询时，就相当于进行一次存在测试。外部查询的 WHERE 子句测试子查询返回的行是否存在。子查询实际上不产生任何数据，它只返回 TRUE 或 FALSE 值，下面用例子来说明。

例：查询存在分数的学员的信息。

```
--查询存在分数的学员的信息。
SELECT * FROM StuInfo WHERE EXISTS
(SELECT * FROM StuMarks WHERE StuMarks.StuID = StuInfo.StuID )
```

NOT EXISTS 的用法与 EXISTS 一样，唯一的区别就是意义相反。

3.1.4 使用 SOME、ANY、ALL 进行子查询

在 SQL 查询中，SOME、ANY、ALL 后必须跟子查询。

SOME 和 ANY 的查询功能是一样的，WHERE 条件能够满足 SOME 和 ANY 所接的子查询中的任意一个值，就表示 WHERE 条件成立。

ALL 表示的是能够满足 ALL 所接的子查询中的所有值才能成立。

以“>”比较运算符为例，>ALL 表示大于每一个值。换句话说，它表示大于最大值。例如，>ALL(1, 2, 3)表示大于 3。>ANY 表示至少大于一个值，即大于最小值，因此>ANY(1, 2, 3)表示大于 1。

若要使带有>ALL 的子查询中的行满足外部查询中指定的条件，引入子查询的列中的值必须大于子查询返回的值列表中的每个值。

同样，>ANY 表示要使某一行满足外部查询中指定的条件，引入子查询的列中的值必须至少大于子查询返回的值列表中的一个值。

3.2 聚合技术

在前面，我们已经学习了分组查询和聚合函数，如 DISTINCT、MAX()函数、MIN()函数、COUNT()函数等。有了这些基础，我们将进一步学习一些其他的聚合技术。

使用 COMPUTE 和 COMPUTE BY 进行汇总查询

COMPUTE 和 COMPUTE BY 子句让我们可以用同一 SELECT 语句既查看明细行，又查看汇总行。可以计算子组的汇总值，也可以计算整个结果集的汇总值。

当 COMPUTE 不带可选的 BY 子句时，SELECT 语句有以下两个结果集。

- 每个组的第一个结果集是包含选择列表信息的所有明细行。
- 第二个结果集有一行，其中包含 COMPUTE 子句中所指定的聚合函数的合计。

例：显示所有的 SQL 成绩并计算出 SQL 成绩的平均分，结果如图 3-11 所示。

```
--显示所有的 SQL 成绩并计算出 SQL 成绩的平均分
SELECT * FROM StuMarks WHERE Subject = 'SQL'
COMPUTE AVG(Score)
```

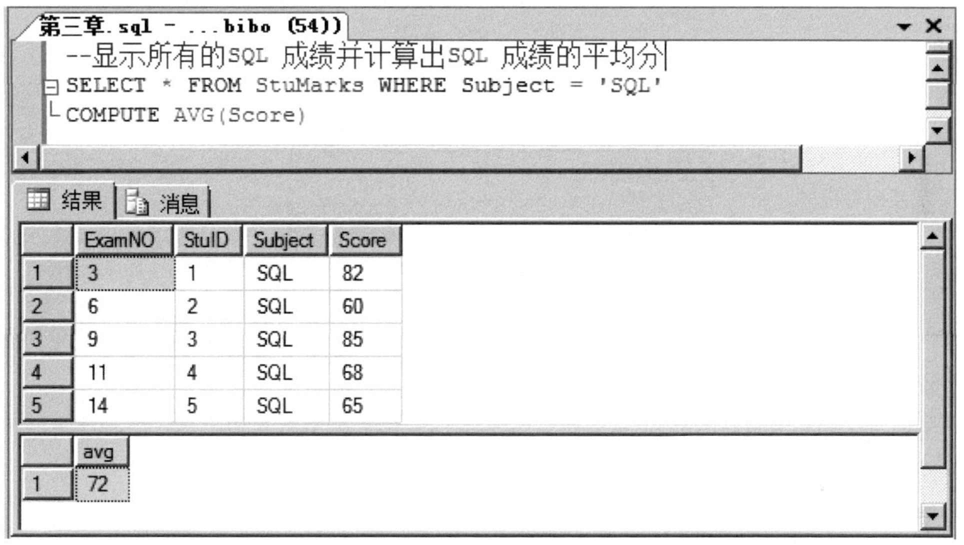

图 3-11 使用 COMPUTE 进行汇总查询的结果

从图 3-11 中看出，使用 COMPUTE 进行汇总计算后的查询得到了两个结果集，第一个结果集返回查询语句前面的查询明细，第二个结果集返回汇总的结果。我们也可以在 COMPUTE 子句中添加多个汇总计算表达式。

COMPUTE 子句需要下列信息。

- 可选 BY 关键字。它基于每一列计算指定的行聚合。
- 行聚合函数名称，包括 SUM、AVG、MIN、MAX 或 COUNT。
- 要对其执行行聚合函数的列。

在有些场景中需要对结果先进行分组，然后再进行汇总计算。这种情况下可以使用 COMPUTE BY 进行分组汇总查询。

例：显示每一门课程的明细及平均分。结果如图 3-12 所示。

```
--显示每一门课程的明细及平均分
SELECT * FROM StuMarks ORDER BY Subject
COMPUTE AVG(Score) by (Subject)
```

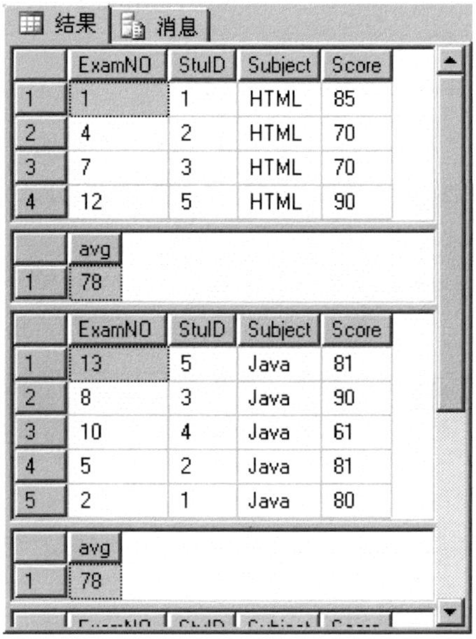

结果 | 消息

	ExamNO	StuID	Subject	Score
1	1	1	HTML	85
2	4	2	HTML	70
3	7	3	HTML	70
4	12	5	HTML	90

	avg
1	78

	ExamNO	StuID	Subject	Score
1	13	5	Java	81
2	8	3	Java	90
3	10	4	Java	61
4	5	2	Java	81
5	2	1	Java	80

	avg
1	78

图 3-12　使用 COMPUT BY 进行分组汇总查询的结果

从上面的查询中我们可以看出，使用 COMPUTE BY 子句可以首先对查询的明细进行分组，然后再对每个分组给出汇总结算结果。

在使用 COMPUTE BY 进行分组计算时，要注意 COMPUTE BY 的分组依据要与主查询的排序(ORDER BY)对应。

3.3 排序函数

在应用程序中，常常需要对查询的结果进行排序并且给出排序的序号。例如：

- 在数据库中有一个公司的员工绩效考核的成绩，我们需要根据这个成绩生成一个排序，使公司的员工可以依据这个排序购买经济适用房，因此要求排序的序号连续递增。
- 学员考试完成后需要对学员成绩进行排序，相同的成绩应该有相同的名次，前十个名次获得年度优秀学员的称号。在这种情况下，名次会存在并列的情况，但名次的序号是连续递增的。
- 同上述情况，如果是前十个学员获得优秀学员称号，名次也会存在并列的情况，那么名次就会出现跳空的情况。

针对上述情况，SQL Server 2012 引入排序函数来解决上述问题。

排序函数的语法如下：

```
排序函数　OVER( [分组子句] 排序子句[DESC][ASC] )
排序子句：ORDER BY 排序列,排序列…
分组子句：PARTITION BY 分组列,分组列…
```

下面就使用各个排序函数对学员的 Java 成绩进行排名，并仔细体会其中排序函数的具体用法与区别。

3.3.1 ROW_NUMBER()函数

```
--row_number()
SELECT ROW_NUMBER()　OVER (ORDER BY Score DESC) AS 排名,
S1.StuName, S2.Score FROM StuInfo S1, StuMarks S2
where S1.StuID = S2.StuID AND S2.Subject = 'Java'
```

ROW_NUMBER()函数的排序结果如图 3-13 所示。

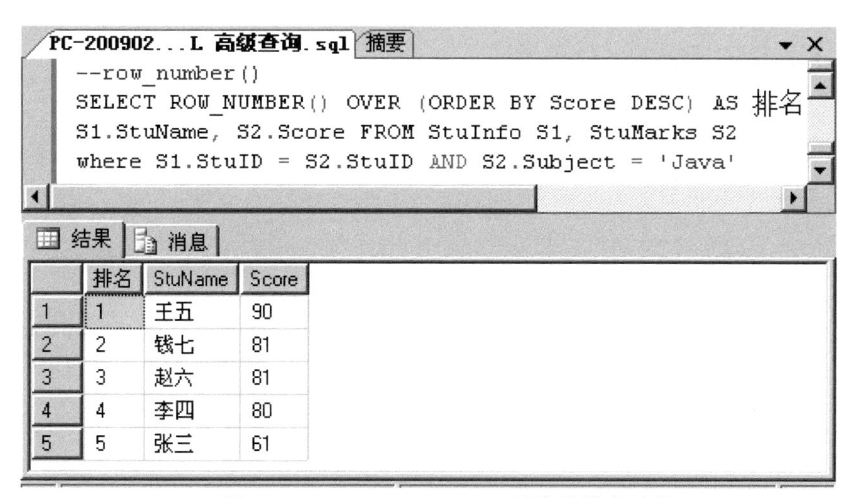

	排名	StuName	Score
1	1	王五	90
2	2	钱七	81
3	3	赵六	81
4	4	李四	80
5	5	张三	61

图 3-13　ROW_NUMBER()函数的排序结果

特点：没有并列编号，不跳空编号。

3.3.2 RANK()函数

RANK()函数生成的排序根据排序子句给出递增的序号，但是存在并列并且跳空。

```
--RANK()
SELECT RANK()　OVER (ORDER BY Score DESC) AS 排名,
S1.StuName, S2.Score FROM StuInfo S1, StuMarks S2
where S1.StuID = S2.StuID AND S2.Subject = 'Java'
```

RANK()函数的排序结果如图 3-14 所示。

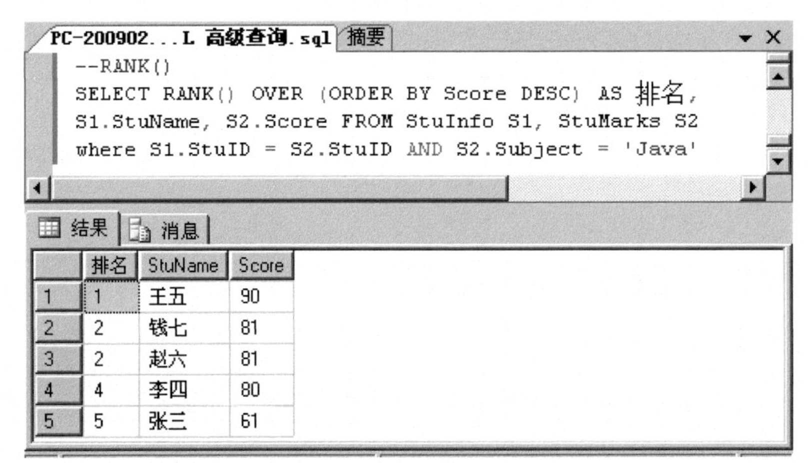

	排名	StuName	Score
1	1	王五	90
2	2	钱七	81
3	2	赵六	81
4	4	李四	80
5	5	张三	61

图 3-14　RANK()函数的排序结果

特点：有并列编号，有跳空编号。

3.3.3　DENSE_RANK()函数

DENSE_RANK()函数生成的排序根据排序子句给出递增的序号，但是存在并列不跳空。

```
--DENSE_RANK()
SELECT DENSE_RANK()   OVER (ORDER BY Score DESC) AS 排名,
S1.StuName, S2.Score FROM StuInfo S1, StuMarks S2
where S1.StuID = S2.StuID AND S2.Subject = 'Java'
```

DENSE_RANK()函数的排序结果如图 3-15 所示。

```
PC-200902...L 高级查询.sql  摘要
--DENSE_RANK()
SELECT DENSE_RANK() OVER (ORDER BY Score DESC) AS 排名
S1.StuName, S2.Score FROM StuInfo S1, StuMarks S2
where S1.StuID = S2.StuID AND S2.Subject = 'Java'
```

结果　消息

	排名	StuName	Score
1	1	王五	90
2	2	钱七	81
3	2	赵六	81
4	3	李四	80
5	4	张三	61

图 3-15　DENSE_RANK()函数的排序结果

特点：有并列编号，没有跳空编号。

3.3.4　使用 PARTITION BY 分组子句

有时候我们需要对数据进行分组，然后对分组后的数据增加序列，PARTITION BY 可以与以上 3 个函数联合使用，这里我们讲解如何与 DENSE_RANK()函数联合使用。使用 PARTITION BY 分组子句将上例语句首先分组，然后再对每一组增加一个递增序列。

```
--PARTITION BY
SELECT DENSE_RANK()    OVER
(PARTITION BY S2.Subject ORDER BY Score DESC) AS  排名,
S1.StuName, S2.Subject, S2.Score
FROM StuInfo S1, StuMarks S2
where S1.StuID = S2.StuID
```

执行结果如图 3-16 所示。

	排名	StuName	Subject	Score
1	1	赵六	HTML	90
2	2	李四	HTML	85
3	3	钱七	HTML	70
4	3	王五	HTML	70
5	1	王五	Java	90
6	2	钱七	Java	81
7	2	赵六	Java	81
8	3	李四	Java	80
9	4	张三	Java	61
10	1	王五	SQL	85
11	2	李四	SQL	82
12	3	张三	SQL	68
13	4	赵六	SQL	65
14	5	钱七	SQL	60

图 3-16　使用 PARTITION BY 后的查询结果

3.4　公式表表达式

在查询过程中往往需要一些中间表，而这些中间表会在查询中重复使用，在 SQL Server 2012 以前的数据库中，这些子查询通常被嵌套在外部查询反复调用，不但效率很低，而且 SQL 语句看上去很复杂，不利于理解。SQL Server 2012 利用公式表表达式很巧妙地解决了这个问题。

我们可以将公式表表达式(CTE)视为临时结果集，在 SELECT、INSERT、UPDATE、DELETE 或 CREATE VIEW 语句的执行范围内进行定义。

CTE 的基本语法结构如下：

```
WITH expression_name [ ( column_name [,...n] ) ]
AS
( CTE_query_definition )
```

注意

只有在查询定义中为所有结果列都提供了不同的名称时，列名称列表才是可选的。

使用时，首先定义一个公式，表中的数据来源于一个查询，这个查询的结构同公式表的结构一致，在后续的查询中如果要使用临时的结果集，可以直接使用公式表的名称。

例：查询学员与其相应的成绩。查询结果如图 3-17 所示。

```
--公式表表达式
--在一个表中建立一个临时表
WITH StuInfo_Mark (StuID, StuName, Subject, Score)
AS
(
    SELECT S1.StuID, S1.StuName, S2.Subject,
        S2.Score FROM StuInfo S1, StuMarks S2
        WHERE S1.StuID=S2.StuID
)

SELECT * FROM StuInfo_Mark
go
```

	StuID	StuName	Subject	Score
1	1	李四	HTML	85
2	1	李四	Java	80
3	1	李四	SQL	82
4	2	钱七	HTML	70
5	2	钱七	Java	81
6	2	钱七	SQL	60
7	3	王五	HTML	70
8	3	王五	Java	90
9	3	王五	SQL	85
10	4	张三	Java	61
11	4	张三	SQL	68
12	5	赵六	HTML	90
13	5	赵六	Java	81
14	5	赵六	SQL	65

图 3-17　使用公式表表达式的查询结果

【单元小结】

- 嵌套子查询。
- 子查询的定义。
- 使用 IN 和 NOT IN 完成子查询。
- 使用 EXISTS 和 NOT EXISTS 完成子查询。
- 使用 SOME、ANY、ALL 进行子查询。
- 聚合技术。
- 使用聚合技术。
- 使用 DISTINCT 分组查询去掉重复项。
- 使用 COMPUTE 和 COMPUTE BY 进行汇总查询。
- 排序函数。
- ROW_NUMBER()函数。
- RANK()函数。
- DENSE_RANK()函数。
- 公式表表达式。

【单元自测】

1. 在创建数据库 bookDb 前需要使用 EXISTS 来判断该数据库是否预先存在，如果存在则将其删除，下面判断语句正确的是(　　)。

A.

```
 if exists(select * from sysdatabases where name = 'bookDb')
          drop database bookDb
     go
```

B.

```
if exists(select * from sysobjects where name = 'bookDb')
          drop database bookDb
     go
```

C.

```
while(exists(select * from sysdatabases where name='bookDb'))
          drop database bookDb
     go
```

D. 以上都不对

2. 下面说法正确的是(　　)。

A. 使用 COMPUTE BY 进行汇总计算时，必须使用 ORDER BY 进行排序

B. 使用 COMPUTE 进行计算时，必须使用 ORDER BY 进行排序

C. 使用 DISTINCT 时不能过滤掉聚合函数中的数据

D. 使用 SOME 表示子查询集合中任意一条记录，使用 ANY 表示子查询集合中所有记录

3. 下面排序函数哪个生成的序号是非连续的？(　　)

A. ROW_NUMBER()　　B. RANK()

C. DENSE_RANK()　　D. ROW_ID()

4. 要对一个学校的学生成绩按照班级进行排序时，下列 SQL 查询语句正确的是(　　)。

A. SELECT rank() as idx , score.*　FROM score ;

B. SELECT row_number() over(order by classID) , score.* FROM score ;

C. SELECT rank() over(partition by ClassID order by score) as idx , score.* FROM score ;

D. SELECT rank() over(order by score partition by ClassID) as idx ,score.* FROM score ;

5. 下列关于子查询的方法正确的是(　　)。

A. 查询可以放在父查询的 where 后，但无法放在 select 和 from 中间

B. 子查询在查询条件中使用时，“>”“<”“=”符号后的子查询结果只能有一个值

C. 子查询可以嵌套，但最多不能超过 3 层

D. 如果子查询放在父查询中对父查询的语法结构不产生影响，那么子查询可以省略外面的小括号

【上机实战】

上机目标

- 理解嵌套子查询
- 理解公式表表达式
- 排序函数
- 集合运算

上机练习

◆ 第一阶段 ◆

练习 1：从一个查询结果中继续查找

【问题描述】

有如下两个表：StuInfo 表和 StuMarks 表，两个表的结构如图 3-18 所示，表数据如图 3-19 所示。首先从 StuMarks 表中查询出所有分数大于 80 的记录，然后从查询的结果中查询出学员编号为 2 的记录。

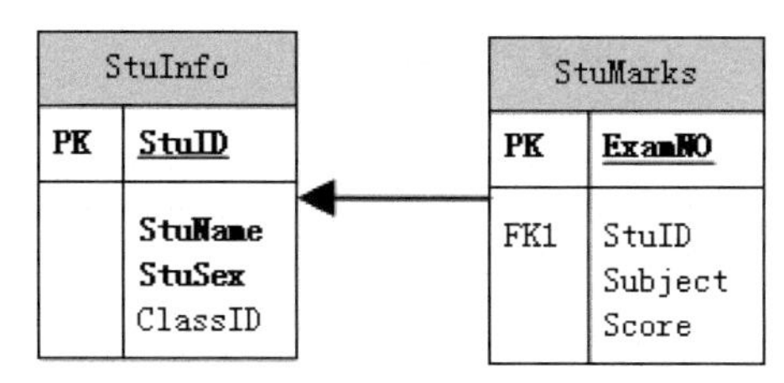

图 3-18　表结构

	StuID	StuName	StuSex	ClassID
1	1	李四	男	1
2	2	钱七	女	2
3	3	王五	男	1
4	4	张三	女	1
5	5	赵六	女	2

	ExamNO	StuID	Subject	Score
1	1	1	HTML	85
2	2	1	Java	80
3	3	1	SQL	82
4	4	2	HTML	70
5	5	2	Java	81
6	6	2	SQL	60
7	7	3	HTML	70
8	8	3	Java	90
9	9	3	SQL	85
10	10	4	Java	61
11	11	4	SQL	68
12	12	5	HTML	90
13	13	5	Java	81
14	14	5	SQL	65

图 3-19　表数据

【问题分析】

本练习主要是练习 T-SQL 子查询语言的一般结构及用法。

【参考步骤】

(1) 查找所有分数大于 80 的分数记录，结果如图 3-20 所示。

```
SELECT * FROM StuMarks WHERE Score > 80
```

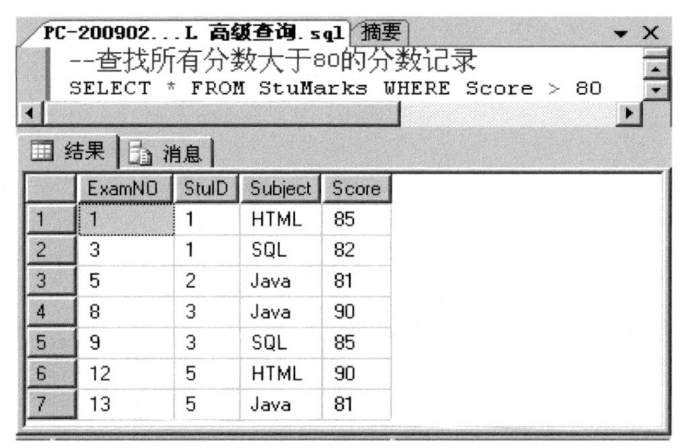

	ExamNO	StuID	Subject	Score
1	1	1	HTML	85
2	3	1	SQL	82
3	5	2	Java	81
4	8	3	Java	90
5	9	3	SQL	85
6	12	5	HTML	90
7	13	5	Java	81

图 3-20　查询分数大于 80 的查询结果

(2) 编写一个查询学员编号为 2 的查询，结果如图 3-21 所示。

```
SELECT * FROM StuMarks WHERE　StuID = 2
```

PC-200902...　高级查询.sql　摘要

SELECT * FROM StuMarks WHERE　StuID = 2

结果　消息

	ExamNO	StuID	Subject	Score
1	4	2	HTML	70
2	5	2	Java	81
3	6	2	SQL	60

图 3-21　查询学员编号为 2 的查询结果

(3) 把第一个查询的结果变成一个子查询，并给这个查询一个别名，结果如图 3-22 所示。

```
SELECT * FROM
( SELECT * FROM StuMarks WHERE Score > 80 ) S1
WHERE　StuID = 2
```

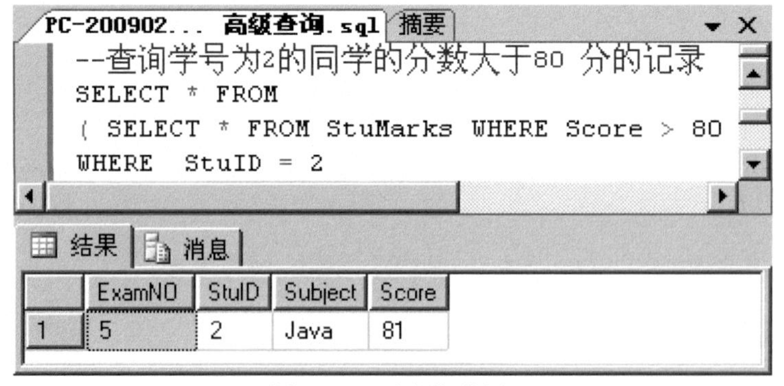

	ExamNO	StuID	Subject	Score
1	5	2	Java	81

图 3-22　子查询结果

练习 2：选择分数大于 80 分的所有学生

【问题描述】

我们可以从分数表中查出分数大于 80 分的所有记录，而这些记录中存在学生的信息，在学生信息表中查询这些学生的所有信息。

【参考步骤】

(1) 首先查询出分数大于 80 分的所有学生的编号。结果如图 3-23 所示。

```
SELECT * FROM StuMarks WHERE  Score > 80
```

CL-PC\...... 高级查询.sql 摘要

```
--1.首先查询出分数大于80分的所有学生的编号
SELECT * FROM StuMarks WHERE Score > 80
```

结果 消息

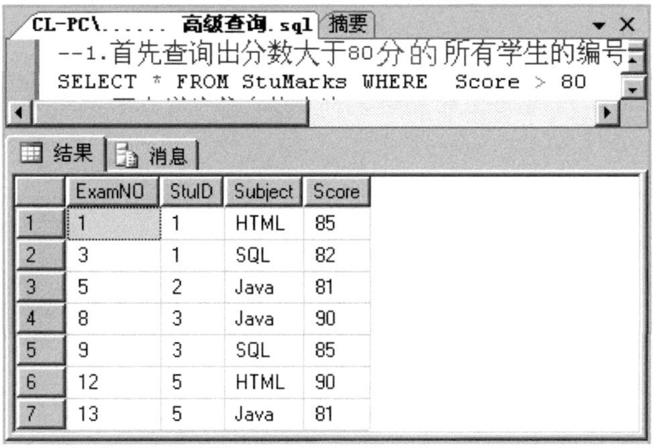

	ExamNO	StuID	Subject	Score
1	1	1	HTML	85
2	3	1	SQL	82
3	5	2	Java	81
4	8	3	Java	90
5	9	3	SQL	85
6	12	5	HTML	90
7	13	5	Java	81

图 3-23　分数大于 80 分的所有学生的编号

(2) 写出学生信息的查询。结果如图 3-24 所示。

```
SELECT * FROM StuInfo
```

CL-PC\...... 高级查询.sql 摘要

```
--2.写出学生信息的查询
SELECT * FROM StuInfo
```

结果 消息

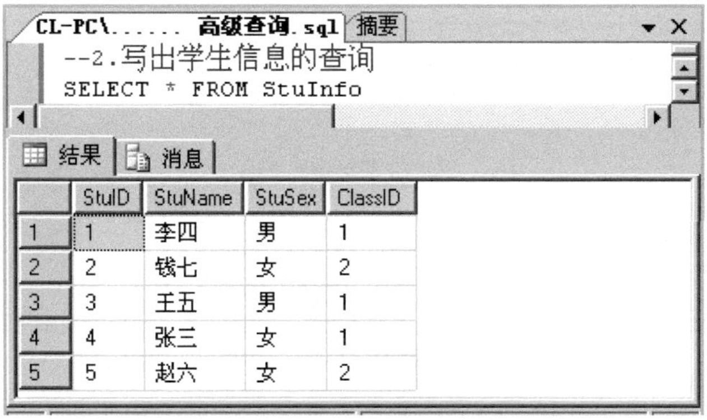

	StuID	StuName	StuSex	ClassID
1	1	李四	男	1
2	2	钱七	女	2
3	3	王五	男	1
4	4	张三	女	1
5	5	赵六	女	2

图 3-24　学生信息

(3) 然后给这个查询添加一个条件——学员编号是否存在于第一查询中。结果如

图 3-25 所示。

```
SELECT * FROM StuInfo
WHERE StuID IN (SELECT StuID FROM StuMarks WHERE Score > 80 )
```

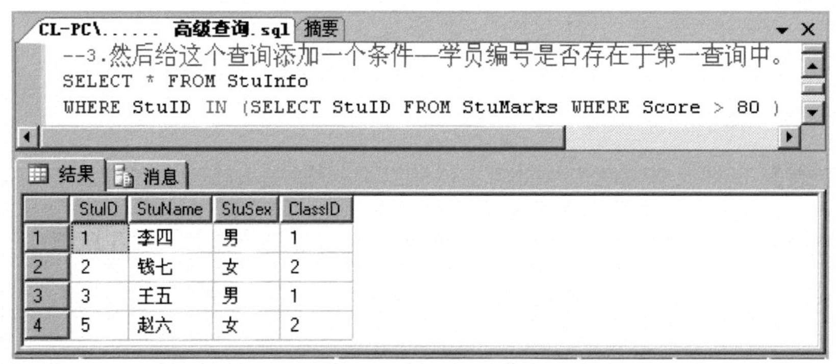

图 3-25 使用子查询实现

(4) 当然我们也可以按照连接查询得到这个结果，但写法就不如子查询直观。结果如图 3-26 所示。

```
SELECT distinct StuInfo.* FROM StuInfo , StuMarks
WHERE StuInfo.StuID = StuMarks.StuID AND    StuMarks.Score > 80
```

CL-PC\...... 高级查询.sql 摘要

```
--4.当然我们也可以按照连接查询得到这个结果,
--但写法就不如子查询直观。
SELECT distinct StuInfo.* FROM StuInfo , StuMarks
WHERE StuInfo.StuID = StuMarks.StuID AND  StuMarks.Score > 80
```

结果 消息

	StuID	StuName	StuSex	ClassID
1	1	李四	男	1
2	2	钱七	女	2
3	3	王五	男	1
4	5	赵六	女	2

图 3-26 使用表连接的方式实现

◆ 第二阶段 ◆

练习 3：列出每个学员的信息，并且列出这个学员的最高分数

【问题描述】

我们要查询所有学员的信息，并且要将这个学员最高的分数追加到最后一列。

【参考步骤】

(1) 首先查询学员最高的分数。结果如图 3-27 所示。

```
SELECT StuID , MAX( Score ) FROM StuMarks GROUP BY StuID
```

```
--首先查询学员最高的分数
SELECT StuID , MAX( Score ) FROM StuMarks GROUP BY StuID
```

	StuID	(无列名)
1	1	85
2	2	81
3	3	90
4	4	68
5	5	90

图 3-27 查询学员最高的分数

(2) 查询所有学生信息，并在最后添加一列 MaxMarks，这一列的值将上一个表中与当前行的 StuID 一致的结果填充过来。结果如图 3-28 所示。

```
SELECT * , (SELECT MAX( Score )
            FROM StuMarks
            WHERE StuMarks.StuID = StuInfo.StuID )
            AS MaxMarks
FROM StuInfo
```

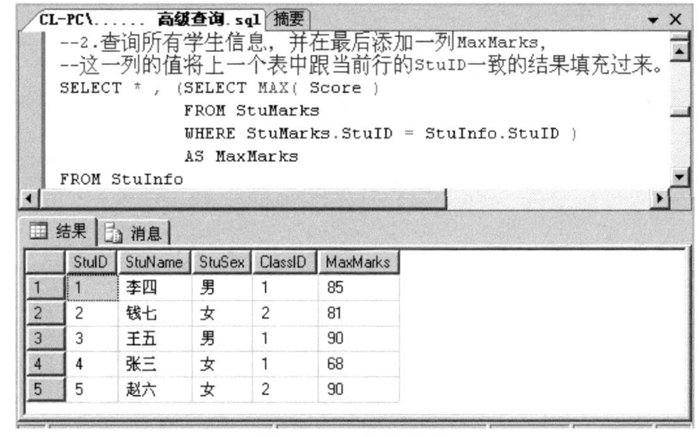

```
--2.查询所有学生信息，并在最后添加一列MaxMarks,
--这一列的值将上一个表中跟当前行的StuID一致的结果填充过来。
SELECT * , (SELECT MAX( Score )
            FROM StuMarks
            WHERE StuMarks.StuID = StuInfo.StuID )
            AS MaxMarks
FROM StuInfo
```

	StuID	StuName	StuSex	ClassID	MaxMarks
1	1	李四	男	1	85
2	2	钱七	女	2	81
3	3	王五	男	1	90
4	4	张三	女	1	68
5	5	赵六	女	2	90

图 3-28 查询结果

练习 4：在列出所有学生信息的同时列出学生成绩的总和

【问题描述】

使用一条查询 SQL 语句同时列出学生成绩信息和学生成绩的总和。

【参考步骤】

大家输入下面的查询语句，注意结果页面中输出了两个结果集合，前一个结果是我们要的详细信息，后一个结果是所要的汇总结果。这种查询会经常使用在汇总计算中，例如，一个班级分数查询后给出的平均分数或列出一个订单详细信息后的总额。结果如图 3-29 所示。

```
SELECT b.*,a.Subject, a.Score
        FROM StuMarks a,StuInfo b
        WHERE a.StuID = b.StuID
COMPUTE SUM(Score)
```

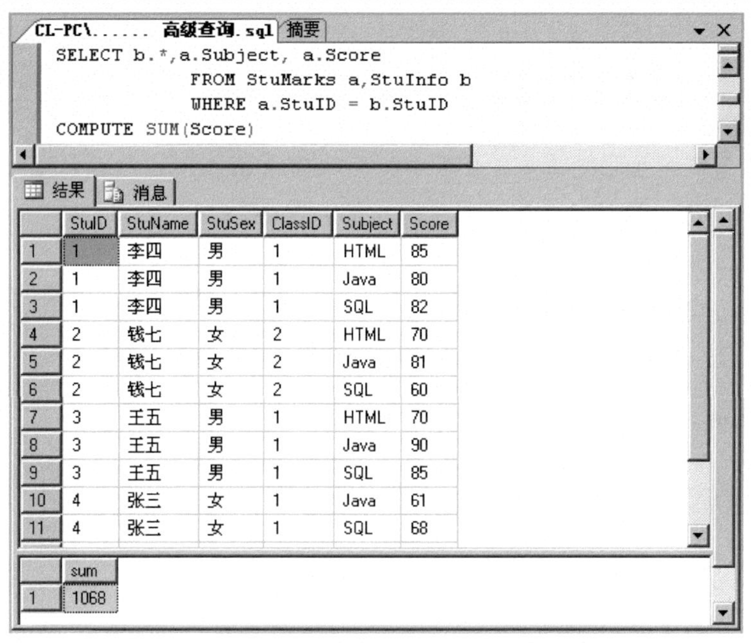

图 3-29　学生成绩信息和成绩的总和查询结果

【拓展作业】

1. 请参考理论课数据库，查询成绩小于 80 分的学员的信息。
2. 请参考理论课数据库，查询没有考试的学员的信息。
3. 使用公式表表达式做分页查询，查询出成绩表中 6～10 行的数据。

课程目标

- ▶ 索引可以用来做什么
- ▶ 如何创建索引
- ▶ 如何创建视图
- ▶ 如何用视图来修改数据

简 介

在数据库中使用最多的操作是查询，但是对于大批量的数据查询，有没有办法能够提高查询速度呢？索引就是提高查询速度的一种机制。

查询得到的是数据库中的真实数据记录,要想对不同客户呈现出不同的数据显示，就要使用视图。视图是一个虚表，并没有真实地记录在数据库中，利用这种方式，可以让一个真实的数据表以不同的方式表现出来。

4.1 索 引

4.1.1 索引简介

在《现代汉语词典》(以下简称《词典》)中，大家可以找到几乎所有的汉字，而要在其中查找某一个汉字的时候，我们则会在目录中按拼音或按偏旁部首去查找。不管是拼音还是偏旁部首，在《词典》的目录页中都会有对应的索引页，帮助我们尽快查找到该汉字所在的页码。

这时候我们可以把《词典》分为两个部分，一部分是索引所在的位置(《词典》的目录)，另一部分就是汉字所在的部分(《词典》的正文)。SQL Server 2012 中的索引功能和书的索引功能非常类似，它能够根据简单的信息查找到数据所在的位置。

在 Microsoft SQL Server 2012 系统中，可管理的最小空间是页，一个页占有 8KB 的存储空间。在数据库中插入数据时，数据将按照插入的时间顺序存放在页上。在页上存放的数据之间并没有任何逻辑关系。将数据杂乱无章地堆放在一起的存放方式称为堆。

索引就是数据表中数据和相应存储位置的列表。利用索引可以提高在表或视图中查找数据的速度。

4.1.2 索引的分类

数据库中的索引主要分为两类：聚集索引和非聚集索引。Microsoft SQL Server 2012 还提供了其他类型的索引，如唯一索引、索引视图、包含性列索引、全文索引、XML 索引、列索引等。在这些索引类型中，聚集索引和非聚集索引是数据库引擎中索引的基本类型，是理解其他类型索引的基础，本节将重点讨论这两种索引类型。

1. 聚集索引

聚集索引是指表中数据行的物理存储顺序与索引顺序完全相同。聚集索引的叶级和非叶级构成了一个特殊的B树(二叉树)结构(见图4-1)。B树的最上层是根页面；它包含下一层页面(也叫中间层页面)的位置信息，这些中间层页面又包含另外的键值，每个键值指向下一层中间层页面或数据页面。聚集索引最底层的页面(也叫叶页面)包含实际数据。

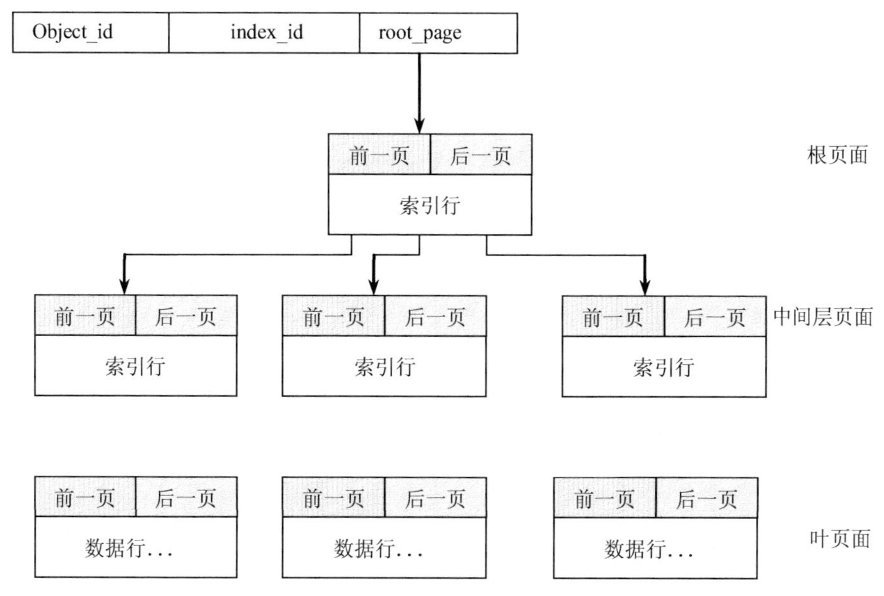

图4-1　聚集索引的结构示意图

查找使用聚集索引组织的数据，与在《词典》中使用汉语拼音的首字母查找汉字一样，可以直接翻到该汉字汉语拼音首字母所在的位置，然后逐页查找，直到找到这个汉字。

聚集索引根据索引顺序物理地重新排列了用户插入表中的数据。因此，每个表只能创建一个聚集索引。聚集索引创建在表中经常被搜索的列或按顺序访问的列上。在默认情况下，SQL Server为主键约束自动建立聚集索引。

2. 非聚集索引

非聚集索引不改变表中数据行的物理存储位置，数据与索引分开存储，通过索引指向的地址与表中的数据发生关系。非聚集索引也可以用树结构来描述(见图4-2)。但是这种树结构和聚集索引的树结构有很大差别：首先非聚集索引的叶层并不包含实际的数据，只包含数据所在的位置信息，根据这个位置信息可以找到该位置上的数据；其次非聚集索引并不物理地重排数据，只是在索引页记录数据所在的位置。

使用非聚集索引组织的数据，与在《词典》中使用偏旁部首查字法一样，可以在偏旁部首目录中根据部首查找到该汉字，但是找到的这条记录并没有我们所需要的该汉字的注解，而只有一个汉字所在的页码，这时再根据汉字所在的页码就能够直接找到该汉字在《词典》中的位置了。

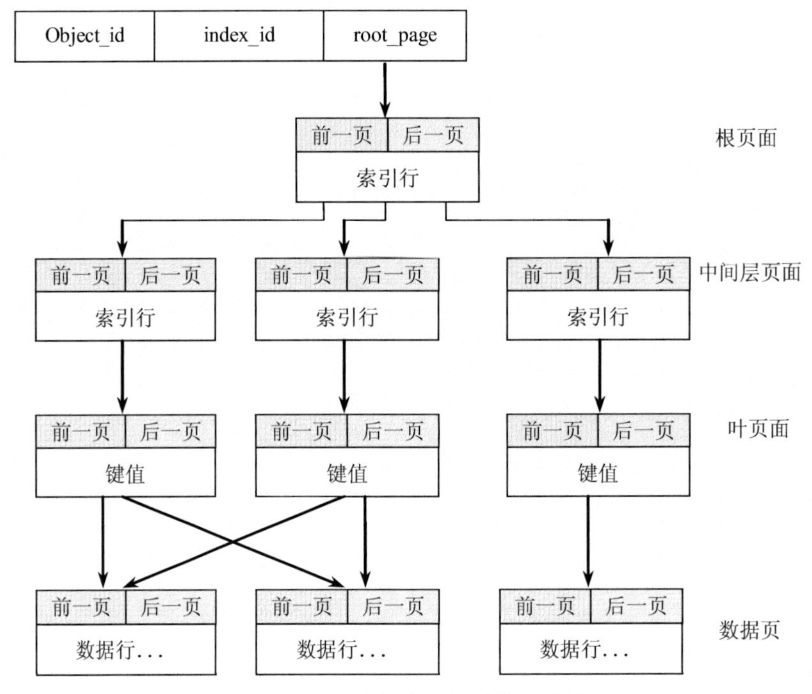

图 4-2　非聚集索引的结构示意图

非聚集索引没有改变表中物理行的位置，所以可以在以下情况下使用非聚集索引：①如果某个字段的数据唯一性较高，可以考虑使用非聚集索引；②如果查询所得到的数据量较少，也可以使用非聚集索引。

聚集索引和非聚集索引的区别如表 4-1 所示。

表 4-1　聚集索引和非聚集索引的区别

聚集索引	非聚集索引
每个表只允许有一个聚集索引	每个表最多可以有 249 个非聚集索引
物理地重排表中的数据以符合索引约束	创建一个键值列表，键值指向数据在数据页中的位置
用于经常查找数据的列	用于从中查找单个值的列

3. 其他类型的索引

除了以上介绍的两种类型的索引外，Microsoft SQL Server 2012 系统还提供了一些其他类型的索引或索引的表现形式，具体如下。

- 唯一索引：如果希望索引键都不相同，可以创建唯一索引。聚集索引和非聚集索引都可以是唯一索引。
- 包含性列索引：在 Microsoft SQL Server 2012 系统中，索引列的最大数量是 16 个，索引列字节总数的最高值是 900。如果当多个列的字节总数大于 900，且又想将这些列都包含在索引中时，可以使用包含性列索引。
- 视图索引：如果希望提高视图的查询效率，可以将视图的索引物理化，也就是说将结果集永久存储在索引中，可以创建视图索引。
- XML 索引：与 XML 数据关联的索引形式，是 XML 二进制 BLOB 的已拆分持久表示形式。
- 全文索引：一种特殊类型的基于标记的功能性索引，由 SQL Server 全文引擎(MSFTESQL)服务创建和维护，用于帮助在字符串中搜索复杂的词。

4.1.3　创建索引

在 SQL Server 2012 中创建数据表时，只要创建了主键或 UNIQUE 条件约束，SQL Server 2012 就会为这个主键字段或 UNIQUE 字段自动创建一个聚集索引，该索引的名字与主键的键名或 UNIQUE 键名相同。通常，我们也可以使用 SQL Server Management Studio 和 CREATE INDEX 语句创建索引。

1. 在 SQL Server Management Studio 中创建索引

操作步骤如下。

(1) 打开 SQL Server Management Studio，并使用“连接对象资源管理器”建立连接。

(2) 在“对象资源管理器”列表窗口中展开对应的数据库和将要添加索引的数据表，如图 4-3 所示。

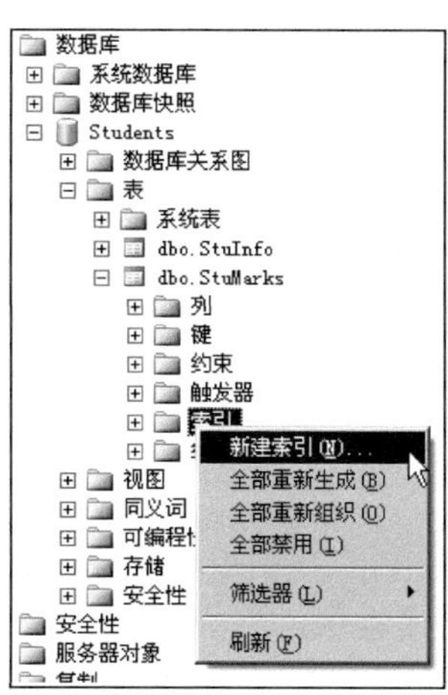

图 4-3　在 SQL Server Management Studio 中创建索引

(3) 右击“索引”，选择“新建索引”选项。

(4) 在打开的“新建索引”窗口中填写索引名称，并选择索引类型，如图 4-4 所示。

(5) 单击“添加”按钮，打开如图 4-5 所示的对话框，选择要添加到索引键的表列，单击“确定”按钮，返回“新建索引”窗体。

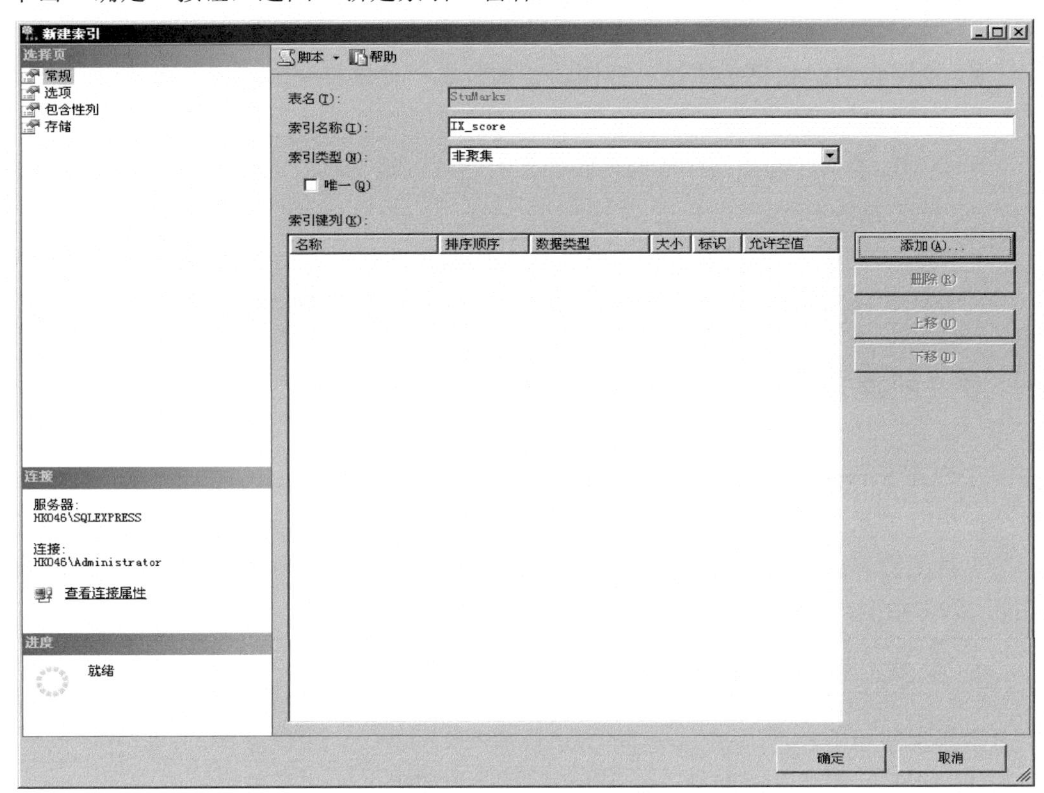

图 4-4 “新建索引”窗体

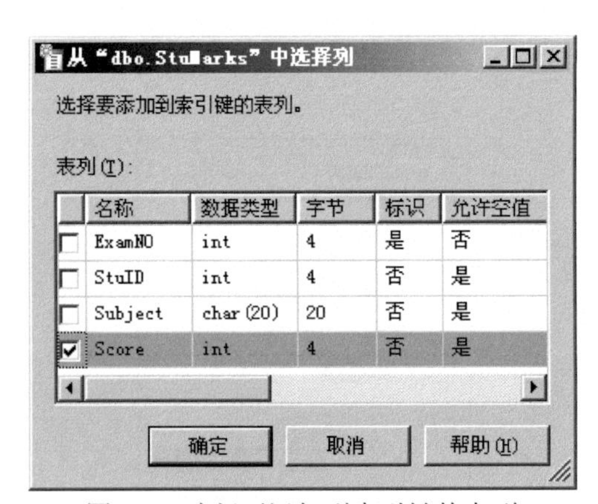

图 4-5 选择要添加到索引键的表列

(6) 单击“确定”按钮，创建索引。

在上述步骤中，可以在“新建索引”的“选项”页上对索引的相关参数进行设置。

2. 使用 CREATE INDEX 语句创建索引

使用T-SQL的CREATE INDEX语句可以创建各种不同类型的索引，其基本语法如下：

```
CREATE [ UNIQUE ] [ CLUSTERED | NONCLUSTERED ]
INDEX     index_name
ON table_name (column_name…)
[WITH FILLFACTOR=x]
```

CREATE INDEX 的参数比较多，下面对其中一些常用的参数进行说明。

- UNIQUE：创建唯一索引，可选项。
- CLUSTERED：创建聚集索引，可选项。
- NONCLUSTERED：创建非聚集索引。
- index_name：创建的索引名。
- table_name：数据表名，这里也可以是视图名。
- FILLFACTOR：设置填充因子的大小。指定一个 0 到 100 之间的值，该值指示索引页填满的空间所占的百分比。

下面以 Students 数据库中的 StuMarks 表为例，说明 CREATE INDEX 语句中参数的用法。

在 StuMarks 表中，由于成绩字段 Score 经常会被搜索，而且成绩字段会有重复值存在，为了提高搜索效率，我们现在为 StuMarks 表的 Score 字段建立非聚集索引。

```
USE Students
GO
--如果存在该索引，先将其删除
IF EXISTS(SELECT name FROM dbo.sysindexes WHERE name = 'IX_score')
--返回 TRUE 代表索引存在，如果存在，将索引删除
 DROP INDEX Students.IX_score
--对成绩字段创建非聚集索引，填充因子 30%
CREATE NONCLUSTERED INDEX IX_score
ON stuMarks(score)
WITH FILLFACTOR= 30
```

以上索引创建好之后，就可以查询显式使用该索引：

```
--指定按索引查询
SELECT * FROM stuMarks WITH(INDEX = IX_score)
WHERE score between 60 and 90
```

其实创建好索引后，我们并不需要显式使用它，SQL Server 会根据所创建的索引自动优化查询，如果用到该列作为查询的条件检索时，系统会自动检查该列上是否有索引存在，如果有索引存在，则会在查询时使用索引来进行查询。

3. 适合创建索引的列

- 在经常需要搜索的列上，建立索引，增加搜索速度。
- 在作为主键的列上，强制该列的唯一性和组织表中数据的排列结构。
- 在经常用在连接的列上，这些列主要是外键，可以加快连接速度。
- 在经常需要根据范围进行搜索的列上创建索引，因为索引已经排序，所以其指定的范围是连续的。
- 在经常需要排列的列上创建索引，因为索引已经排序，这样可以利用索引的排序，加快查询速度。
- 在经常需要使用 WHERE 子句的列上创建索引，加快条件的判断速度。

4. 不适合创建索引的列

- 对于查询中很少使用或者参考列不应该创建索引。因为既然这些列很少使用，那么创不创建都没有效果，反而由于增加了索引，降低了对系统的维护和增大了空间的需求。
- 对于有很少数据值的列不应添加索引。由于这些列的取值很少，如人事表的性别列，在查询结果中，结果集的数据行占了表中数据很大比例，即需要在表中搜索的数据行比例很大，增加索引并不能明显地加快搜索速度。
- 对于定义为 text、image、bit 数据类型的列不应添加索引，因为这些数据要么太大，要么取值很小。
- 当修改性能大于检索性能时不应添加索引。因为修改性能和检索性能是相互矛盾的，当增加索引时，会提高检索性能，降低修改性能。当减小索引时，会提高修改性能，降低索引性能。因此，当修改性能远远大于检索性能时，不应该添加索引。

4.2 视　　图

4.2.1 视图简介

数据库中，SQL Server 视图是非常重要的概念，作为查询所定义的虚拟表，其用途非常广泛。

SQL Server 视图是由一个查询所定义的虚拟表，它与物理表不同的是，视图中的数据没有物理表现形式，除非为其创建一个索引；如果查询一个没有索引的视图，SQL Server 实际访问的是基础表。

如果要创建一个 SQL Server 视图，为其指定一个名称和查询即可。SQL Server 只保存视图的元数据，用户描述这个对象，以及它所包含的列、安全性、依赖性等。当查询视图时，无论是获取数据还是更新数据，SQL Server 都用视图的定义来访问基础表。

SQL Server 视图在日常操作中也扮演着许多重要的角色，如可以利用视图访问经过筛选和处理的数据，而不是直接访问基础表，这在一定程度上也保护了基础表。

4.2.2　创建视图的准则

在创建视图前请考虑如下准则。

- 视图名称必须遵循标识符的规则，该名称不得与该架构包含的任何表的名称相同。
- 可以对其他视图创建视图。Microsoft SQL Server 2012 允许嵌套视图，但嵌套不得超过 32 层。根据视图的复杂性及可用内存，视图嵌套的实际限制可能低于该值。视图最多可包含 1024 个字段。
- 不能将规则或 DEFAULT 定义与视图相关联。
- 定义视图的查询不能包含 COMPUTE 子句、COMPUTE BY 子句或 INTO 关键字。
- 定义视图的查询不能包含 ORDER BY 子句，除非在 SELECT 语句的选择列表中有一个 TOP 子句。

下列情况下必须指定视图中每列的名称。

- 视图中的任何列都是从算术表达式、内置函数或常量派生而来的。
- 视图中有两列或多列具有相同名称(通常由于视图定义包含连接，因此来自两个或多个不同表的列具有相同的名称)。
- 希望为视图中的列指定一个与其原列不同的名称，也可以在视图中重命名列。无论重命名与否，视图列都会继承其源列的数据类型。

4.2.3　创建视图

在 SQL Server Management Studio 中创建视图

(1) 打开 SQL Server Management Studio，并使用“Windows 身份验证”建立连接。

(2) 在“对象资源管理器”列表窗口中展开对应的数据库，如图 4-6 所示。

图 4-6　在 SQL Server Management Studio 中创建视图

(3) 右击“视图”，选择“新建视图”选项。

(4) 在打开的“添加表”对话框中选择视图将要引用的数据表，如图 4-7 所示。在本例中，添加 stuInfo、stuMarks 两个表。

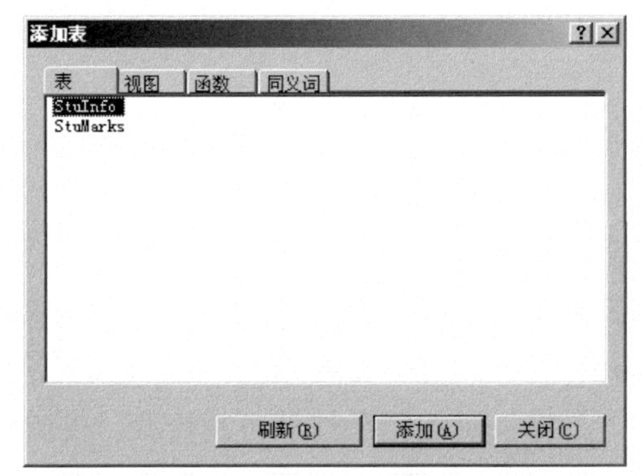

图 4-7　添加 stuInfo、stuMarks 两个表

(5) 添加对应的数据表后，单击“关闭”按钮，回到“视图设计”窗口。如果还要继续添加数据表，可以在“视图设计”窗口空白处右击，选择“添加表”选项，如图 4-8 所示，弹出“添加表”对话框。

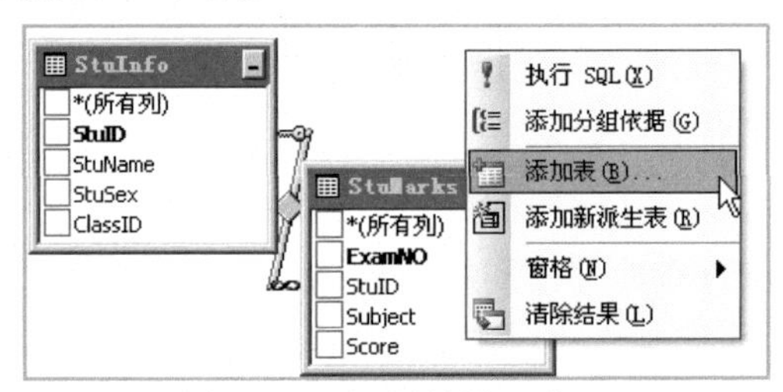

图 4-8　“视图设计”窗口

(6) 在“关系图窗格”中选择表字段前面的复选框(见图 4-9)，可以设置要在视图中显示的字段，在“条件窗格”中也可以设置要输出的字段。

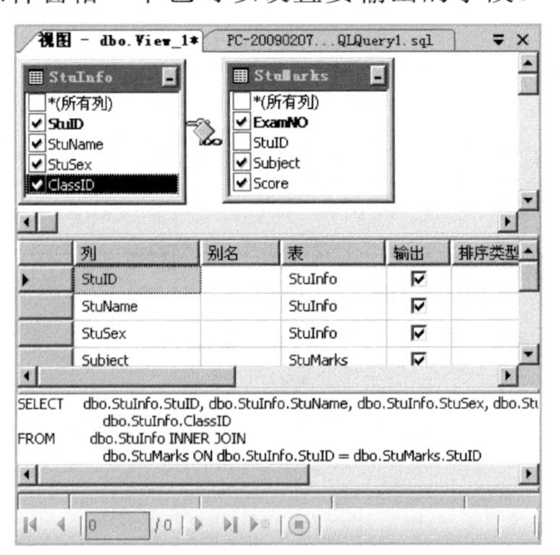

图 4-9　关系图窗格、条件窗格、SQL 窗格

如果表和表之间没有 JOIN...ON 关系，可以在“关系图窗格”中设置其关系。如本例中，StuInfo 表和 StuMarks 表中都有 StuID 字段，将 StuInfo 表中的 StuID 字段拖曳到 StuMarks 表中的 StuID 字段上即可。此时两个表之间会由一条关系线连接。

(7) 设置要在视图中显示的字段之后，我们会发现对应的 SQL 语句已经在“SQL 窗格”中自动生成。这时，单击“执行 SQL”按钮，测试 SELECT 语句是否正确。

(8) 在以上测试都正常后，单击“保存”按钮(或者按 Ctrl+S 快捷键)，在弹出的对话框中输入视图名称(见图 4-10)，单击“确定”按钮，即可保存视图，完成操作。

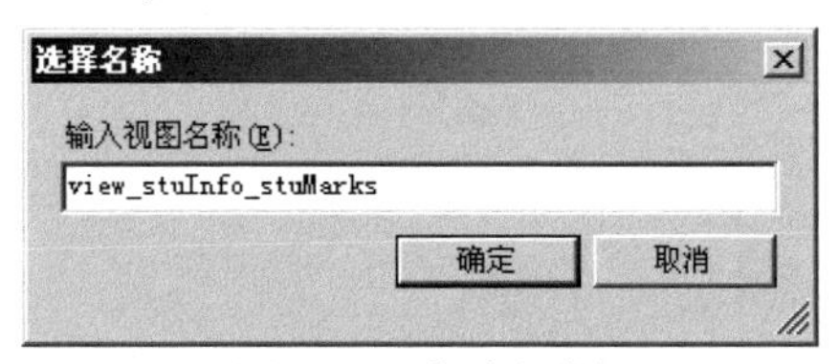

图 4-10　保存视图

使用 T-SQL 的 CREATE VIEW 语句可以创建视图，其基本语法如下：

```
CREATE VIEW view_name
AS
<SELECT 语句>
```

其中，view_name 是我们要创建的视图名，<SELECT 语句>是创建视图的查询语名。

示例：

在 students 数据库中，创建一个视图 view_stuInfo_stuMarks，用于查询学生成绩。

```
USE Students
GO
--如果存在该视图，先将其删除
IF EXISTS (
        SELECT * FROM dbo.sysobjects
        WHERE NAME = 'view_stuInfo_stuMarks'
)
DROP VIEW view_stuInfo_stuMarks            --删除视图的语法
gO
--创建名为 view_stuInfo_stuMarks 的视图
CREATE VIEW view_stuInfo_stuMarks
AS
        SELECT stuName,stuInfo.StuID,score
        FROM stuInfo LEFT JOIN stuMarks
        ON stuInfo.StuID=stuMarks.StuID
GO
```

下面查看视图：

```
--查看视图
SELECT * FROM view_stuInfo_stuMarks
```

其运行结果如图 4-11 所示。

PC-20090...索引和视图.sql

```
--查看视图
SELECT * FROM view_stuInfo_stuMarks
```

结果 | 消息

	stuName	StuID	score
1	李四	1	85
2	李四	1	80
3	李四	1	02
4	钱七	2	70
5	钱七	2	81
6	钱七	2	60
7	王五	3	70
8	王五	3	90
9	王五	3	85
10	张三	4	61
11	张三	4	68
12	赵六	5	90
13	赵六	5	81
14	赵六	5	65

图 4-11　查看视图的运行结果

示例：也可以将 CREATE VIEW……的部分改成如下形式，从而为视图字段加上别名。

```
--创建名为 view_stuInfo_stuMarks 的视图
CREATE VIEW view_stuInfo_stuMarks(姓名,学号,成绩)
AS
 SELECT stuName,stuInfo.StuID,score
 FROM stuInfo LEFT JOIN stuMarks
 ON stuInfo.StuID=stuMarks.StuID
GO
--查看视图
SELECT * FROM view_stuInfo_stuMarks
```

查看视图后，其运行结果和上例相同，只是视图的字段变成了我们自己命名的字段，如图 4-12 所示(不建议用中文命名字段)。

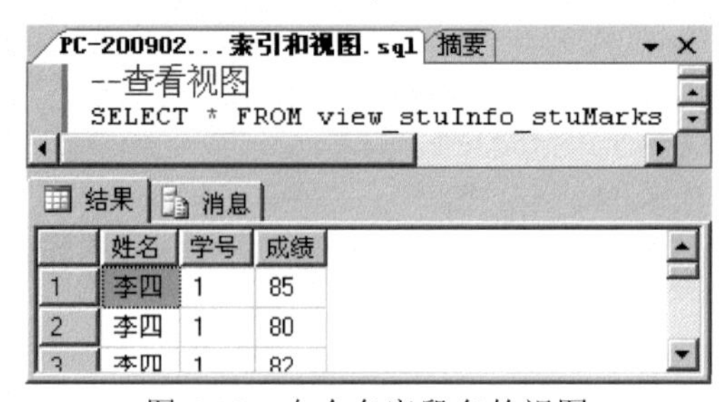

图 4-12　自命名字段名的视图

4.2.4　加密视图

在 SQL Server 2012 中，每个数据库都有一个 INFORMATION_SCHEMA.VIEWS 的系统视图。通过查看该视图，可以得到数据库中的所有视图信息。运行以下示例代码：

```
--查看所有的视图信息
SELECT * FROM information_schema.views
```

可以得到如图 4-13 所示的结果。

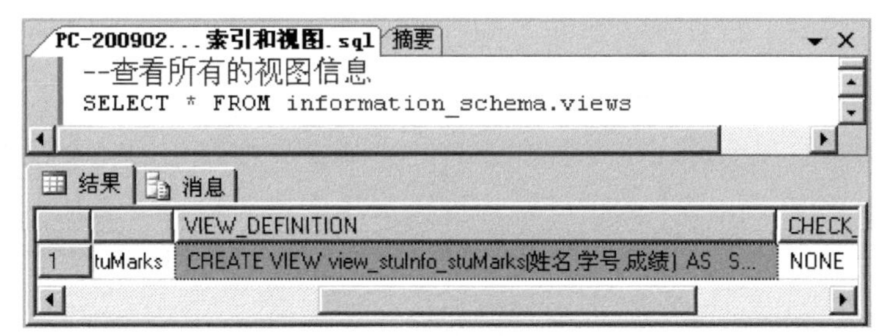

图 4-13　查看视图信息

在结果框中，我们可以看到所有视图信息，如果不想让别人看到该视图中的内容可以使用 WITH ENCRYPTION 参数为视图加密，代码如下：

```
--创建名为 view_stuInfo_stuMarks 的视图并加密
CREATE VIEW view_StuInfo_StuMarks
WITH ENCRYPTION
AS
 SELECT StuName,StuInfo.StuID,Score
 FROM StuInfo LEFT JOIN StuMarks
 ON StuInfo.StuID=StuMarks.StuID
GO
```

再次查询视图信息，结果如图 4-14 所示。

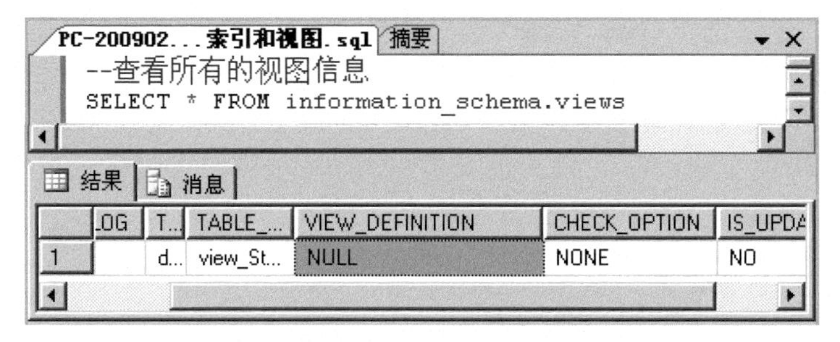

图 4-14　加密后的视图内容为空

在结果框中可以看到，视图的内容部分已经变成 NULL。

4.2.5 视图的分类及应用场景

视图在简化查询的同时还可以在一定程度上保障数据的安全性。根据不同的应用场景，可以将视图分为以下几种情况。

- 单源表视图。视图的数据可以只取自一个基本表的部分行、列，此视图行列与基本表行列对应。这样定义的视图一般可以进行查询和更改数据操作。
- 多源表视图。视图的数据可以来自多个表中。这样定义的视图一般只用于查询，不用于修改数据。
- 在已有视图上定义的新视图。可以在视图上再建立视图，这时作为数据源的视图必须是已经建立好的。
- 带表达式的视图。在定义基本表时，为减少数据库中的冗余数据，表中只存放基本数据，由基本数据经过各种计算派生出的数据一般是不存储的。但由于视图中的数据并不实际存储，所以定义视图时可以根据需要设置一些派生属性列，在这些派生属性列中保存经过计算的值。这些派生属性由于在基本表中并不实际存在，因此，也称它们为虚拟列。包含虚拟列的视图也称为带表达式的视图。
- 含分组统计信息的视图。含分组统计信息的视图是指定义视图的查询语句中含有 GROUP BY 子句，这样的视图只能用于查询，不能用于修改数据。

【单元小结】

- 使用索引可以加快数据访问速度。
- 两种类型的索引分别是聚集索引和非聚集索引。
- 聚集索引指定表中数据的存储顺序。
- 非聚集索引指定表的逻辑顺序。
- 使用 CREATE INDEX 可以为指定的表创建索引。
- 视图是一个虚表，通常用来查看数据库中一个或多个表的数据。
- 使用 CREATE VIEW 可以创建视图。

【单元自测】

1. 在一个表上，最多可以定义(　　)个聚集索引。

   A. 1　　B. 2　　C. 3　　D. 多个

2. 以下对于聚集索引和非聚集索引的说法正确的是(　　)。

   A. 聚集索引占用空间

B. 非聚集索引占用空间

C. 聚集索引会改变数据存储的物理位置

D. 非聚集索引会改变数据存储的物理位置

3. 以下关于视图的说法不正确的是(　　)。

A. 视图可以为不同的用户以不同的方式看到数据集

B. 可以使用视图集中的数据简化和定制不同用户对数据库的不同要求

C. 视图不能用于连接多表

D. 视图可以使用户只关心其感兴趣的某些特定数据

4. SQL 中的视图最多可以包含(　　)列。

A. 256　　B. 512　　C. 1024　　D. 2048

5. 加密视图的定义文本可以使用(　　)。

A. WITH CHECK OPTION　　B. WITH SCHEMABINDING

C. WITH NOCHECK　　D. WITH ENCRYPTION

【上机实战】

上机目标

- 练习创建索引、使用索引、删除索引。
- 熟练掌握视图的创建和使用。

上机练习

◆ 第一阶段 ◆

练习 1：使用 T-SQL 创建索引

【问题描述】

在 SQL Server 2012 中使用 T-SQL 定义一个名为 vwSalesEmployees 的视图，要求从 Employee 表中返回所有是销售代表(Title='Sales Representative')的雇员的 EmployeeID、FirstName、LastName、Title 列。

【问题分析】

- 练习使用 T-SQL 创建视图。
- 说明：本练习要使用的 northwind 数据库是 SQL Server 2000 的示例数据库，请教员为学员准备好该数据库的备份。

【参考步骤】

(1) 启动 SQL Server Management Studio，并使用“Windows 身份验证”建立连接。
(2) 在“数据库”中右击，选择“还原数据库...”选项，将 northwind 数据库还原。
(3) 在 SQL Server Management Studio 工具中，新建一个查询。
(4) 编写如下代码：

```
--练习创建一个名为 vwSalesEmployees 的视图
USE northwind
GO
--创建视图
CREATE VIEW vwSalesEmployees
AS
SELECT employeeid,firstName,lastname,title
FROM employees
WHERE Title='Sales Representative'
```

(5) 编写查看视图的代码：

```
/**
查询视图
*/
GO
SELECT * FROM vwSalesEmployees
```

练习 2：在 SQL Server Management Studio 中修改视图、删除视图

【问题描述】

在前面示例的基础上，在 SQL Server Management Studio 中修改视图、删除视图。

【参考步骤】

在 SQL Server Management Studio 中双击 northwind 数据库，在展开的树形目录中

单击“视图”，在展开的节点中选择刚刚建立的视图 vwSalesEmployees。

(1) 右击该视图，选择“修改”按钮，打开“视图设计”窗口，如图 4-15 所示。

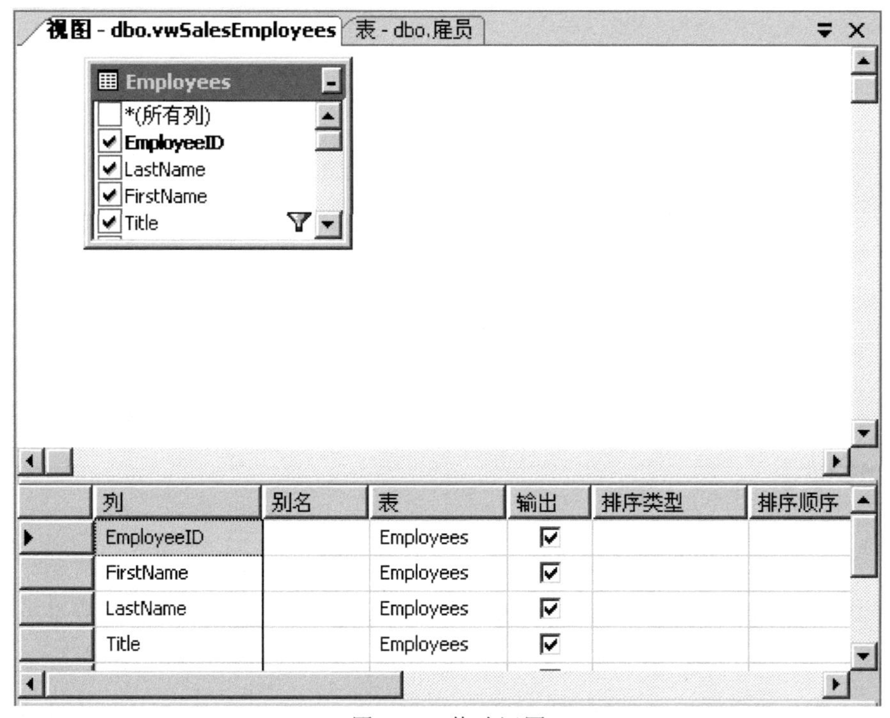

图 4-15　修改视图

(2) 在“视图设计”窗口中可以添加一个表，也可以修改视图显示的字段。

(3) 同步骤(1)，在该视图上右击，选择“删除”按钮，将该视图删除。

◆ 第二阶段 ◆

练习 3：在 SQL Server Management Studio 中新建视图

【问题描述】

在 SQL Server Management Studio 中练习新建上面的示例视图 vwSalesEmployees。

【问题分析】

- 在“视图”上右击，选择“新建视图”。
- 选择要新建视图的表。
- 选择视图中要显示的字段。

练习 4：为前面创建的视图添加排序条件

【问题描述】

重新设计以上视图，要求结果必须先按姓氏再按名字进行排序。

【问题分析】

- 定义视图的查询不能包含 ORDER BY 子句，除非在 SELECT 语句的选择列表中还有一个 TOP 子句。
- 由于不知道查询会得到多少条记录，所以在 SELECT 语句中加上 top 100。
- 这时查询语句可以使用 ORDER BY 排序。

【拓展作业】

1. 使用 northwind 数据库，在 suppliers 表的 Country 列和 city 列上创建一个名为 IX_Country 的非聚集索引。填充因子为 50%，并且删除具有相同名称的现在索引。

2. 创建一个 students 的数据库，数据库中有一个名为 stuInfo(stuID, stuName, stuAdds)没有主键的表，为表的 stuID 创建名为 IX_stuID 的聚集索引，并确保没有同名索引存在。

3. 在 pubs 数据库中 titles 表的 title_id 列上创建一个名为 IX_title_id 的非聚集索引。

单元五

事务和游标

课程目标

- 事务的特点
- 显式事务和自动提交事务
- 游标的类型
- 游标的基本操作

简 介

在数据库的实际应用中，有时要把包含有多个步骤的指令当作一个整体来运行。运行过程中这个整体要么全部运行成功，要么全部运行失败，这时就需要考虑使用事务。

有些应用程序不能对查询得到的整个记录集进行访问，这时需要数据库系统返回一个处理过的一行或少量的几行数据，游标就是提供这种处理方式的一种机制。

5.1 事　　务

5.1.1 事务的特点

事务是数据库理论的重要概念之一。事务由若干条 T-SQL 指令组成，并且所有的指令作为一个整体提交给数据库系统，执行时，这组指令要么全部执行完成，要么全部撤销。因此，事务是一个不可分割的逻辑单元。

下面这个例子可以帮助理解事务的概念：我们在任何银行的账户都支持转账业务，如可以将“张三”账户的 10 000 元转到“李四”的账户。正常情况下的操作是，先将“张三”的账户减去 10 000 元，然后在“李四”的账户中增加 10 000 元，当然这个过程是银行系统自动完成，不用人工干预。但是我们不得不考虑的一个问题是：若发生意外情况怎么办？如果在“张三”的账户减去10 000 元后，发生了不可预料的系统错误，导致在“李四”账户中增加 10 000 元的操作没有完成。这将对银行客户造成极大的损失。

这时，我们就需要使用“事务”，把“张三”账户的扣款操作指令和“李四”账户的存款操作指令作为一个整体(事务)。这个整体指令要么全部执行了，要么在出错的时候把执行了一半的操作撤销掉。

基于这种整体指令的特殊执行方式，即可以使用事务。事务具有 4 个属性：原子性(Atomicity)、一致性(Consistency)、隔离性(Isolation)及持久性(Durability)，也称作事务的 ACID 属性。

- 原子性：事务内的所有工作要么全部完成，要么全部没有完成，不存在事务只有一部分得到完成的情况。
- 一致性：事务内的任何操作都不能违反数据库的任何约束或规则。事务完成时所有内部数据结构都必须是正确的。
- 隔离性：事务之间是相互隔离的，如果有两个事务对同一个数据库对象进行操作，如读取表数据，任何一个事务看到的所有内容要么是其他事务完成之前的状态，要么是其他事务完成之后的状态。一个事务不可能遇到另一个事务中的中间状态。

- 持久性：事务完成之后，它对数据库系统的影响是持久的，即使是系统错误，重新启动系统后，该事务的结果依然存在。

5.1.2　事务的模式

在数据库系统中事务的执行方式分为以下 3 种。

1. 显式事务

显式事务是用户使用 T-SQL 明确定义开始(Begin transaction)和结束(Commit transaction 或 Rollback transaction)的事务。后面我们将重点讨论显式事务的创建。

2. 自动提交事务

自动提交事务是一种能够自动执行并能自动回滚的事务，这种方式是 SQL Server 默认的事务方式。例如，我们在前面使用 Delete 操作时，如果操作涉及的记录有多条，只要其中有一条数据受主外键关系约束影响而不能删除，那么所有的删除操作都会被取消。

只要与 SQL Server 建立连接，就会直接进入自动事务模式，直到使用 BEGIN TRANSACTION 或者执行 SET IMPLICIT_TRANSACTION ON 语句进入隐式事务模式为止。

3. 隐式事务

隐式事务是指当事务提交或回滚后，SQL Server 自动开始的事务。因此，隐式事务不需要使用 BEGIN TRANSCATION 显式开始，只需要用户直接使用提交事务或回滚事务的 T-SQL 语句。

使用时，通过设置 SET IMPLICIT_TRANSACTIONS ON 语句，将隐式事务模式打开，下一个语句将启动一个新事务。当该事务完成时，再下一个语句又将启动一个新事务。

5.1.3　事务处理

事务处理是在 SQL Server 中显式定义事务的开始、提交或回滚，因为在 T-SQL 编程中常常用事务来处理一些需要整体执行或整体不执行的相关业务，因此显示声明事务也是要学习的重点。常用的 T-SQL 显式声明使用以下步骤完成。

1. 使用 BEGIN TRANSACTION 语句定义事务的开始

BEGIN TRANSACTION 标记一个本地事务的开始，并将@@TRANCOUNT 全局变量(用来记录事务的数目)的值加 1。在事务中，可以使用@@error 全局变量记录执行过程中出现的错误号，如果没有错误或异常，可以提交事务，反之如果发生错误或异常时回滚事务。

2. 使用 COMMIT TRANSACTION 语句定义事务的结束并提交

COMMIT TRANSACTION 用于提交事务，标记一个显式事务或隐式事务的结束，说明事务执行正常结束，对数据库所做的修改永久有效，并将@@TRANCOUNT 全局变量减 1。

3. 使用 ROLLBACK TRANSACTION 语句定义当事务处理整体结束前发生意外时的回滚

ROLLBACK TRANSACTION 用于事务回滚，在发布一条 ROLLBACK TRANSACTION 语句时，SQL Server 将会抛弃自最近一条 BEGIN TRANSACTION 语句以后的所有修改。

示例：在银行账户信息表中记录银行客户的账号信息，表结构如图 5-1 所示，现在使用事务完成从账号为 62262201 的账户中向账号为 62262202 账户转账 10 000 元的操作。

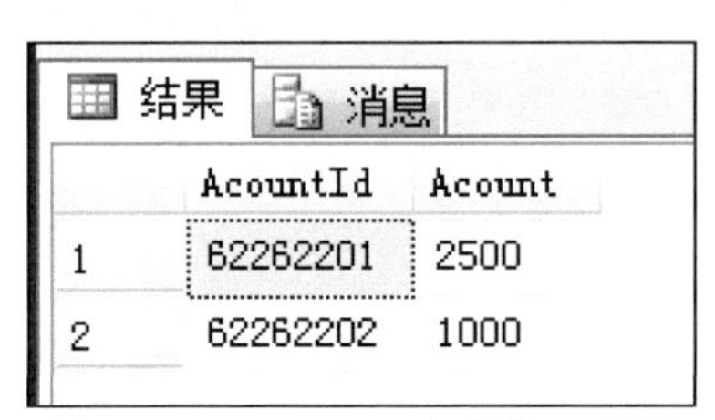

	AcountId	Acount
1	62262201	2500
2	62262202	1000

图 5-1　AcountInfo 表结构及数据

需求分析：银行转账是在银行开户的两个账户中将其中一个账户中的钱转入另外一个账户中的一种操作。转账是账户与账户之间的转移，不同于存款与取款业务，也就是说无论该次转账业务操作是否成功，对银行所有开户账户的资金总额是不会产生影响的，同时转账前转出账户中的余额必须要大于或等于转账金额，如果余额不足是不允许转账的。结合以上分析，我们在以下代码中进行转账操作之前先输出一次银行所有账户余额的总额，转账结束后，无论成功或者失败同样再次输出银行所有账户余额的总额。

编写事务代码如下：

```
--开始一个事务
BEGIN TRANSACTION tran_AcountInfo
```

```
--声明一个变量@tran_error，用来保存错误编号，用来判断执行过程中是否出现错误
--声明一个变量@allAcount，用来保存银行账户总额
DECLARE    @tran_error INT,@allAcount FLOAT
SET @tran_error = 0
SET @allAcount=0
SELECT @allAcount=SUM(Acount) FROM AcountInfo
PRINT '转账前银行账户总额为：'+CONVERT(VARCHAR(10),@allAcount)
--转账开始，先从账号为 62262201 的账户扣除 10 000 元
UPDATE AcountInfo SET Acount = Acount - 10000
WHERE AcountId = '62262201'
SET @tran_error = @tran_error + @@error
--从账号为 62262201 的账户扣除 10 000 元后，将 10 000 元存入账号为 62262202 的账户中
UPDATE AcountInfo SET Acount = Acount + 10000
WHERE AcountId = '62262202'
SET @tran_error = @tran_error + @@error
IF @tran_error <> 0
 BEGIN
     --执行出错，回滚事务
     ROLLBACK TRANSACTION
     PRINT '转账失败，交易已取消'
 END
ELSE
 BEGIN
    --没有发现错误，提交事务
     COMMIT TRANSACTION
     PRINT '交易成功，已保存新数据'
 END
SELECT @allAcount=SUM(Acount) FROM AcountInfo
PRINT '转账后银行账户总额为：'+CONVERT(VARCHAR(10),@allAcount)
GO
```

运行结果分析：运行结果如图 5-2 所示，从运行结果来看，我们发现在转账前两个账户中的总额为 3500 元。转账过程中，由于账号为 62262201 的账户中的余额不足 10 000 元，因此转账失败，转账后两个账户中余额的总额仍然为 3500 元，两个账户中各自的余额同样也没有发生改变。

```
消息
转账前银行账户总额为：3500
消息 547，级别 16，状态 0，第 11 行
UPDATE 语句与 CHECK 约束"CK__AcountInf__Acoun__0F975522"冲突。该冲突发生于数据库"BANKDB"，表"dbo.AcountInfo", column 'Acount'。
语句已终止。

(1 行受影响)
转账失败，交易已取消
转账后银行账户总额为：3500
```

图 5-2　事务运行后执行了回滚

5.2 游　　标

5.2.1　游标简介

从前面的学习中我们知道，使用 T-SQL 的 SELECT 语句可以得到一个记录集。这个记录集可以返回到结果窗体或者应用程序中，但是对于一些特殊的应用来说，有时候不是总能对整个记录集进行处理，或者不需要对整个记录集进行处理，而只要求返回一个对记录集进行处理之后的结果。SQL Server 提供了一种对记录集进行操作的灵活手段，这就是游标。

游标实际上是一种能从包括多条数据记录的结果集中每次提取一条记录的机制。简单来说，使用游标，可以实现以下目标。

- 允许定位到结果集中的特定行。
- 从结果集的当前位置检索一行或多行数据。
- 支持对结果集中当前位置的行进行修改。

由于使用游标可以将记录集的记录行一条一条取出来，这无疑增加了服务器负担。因此，除非是 SQL Server 服务器上很复杂的数据操作，否则建议不要使用游标。SQL Server 支持以下 3 种游标。

1. T-SQL 游标

基于 DECLARE CURSOR 语法，T-SQL 游标主要用在 T-SQL 脚本、存储过程和触发器中。T-SQL 游标在服务器上实现并由从客户端发送到服务器的 Transact-SQL 语句管理。它们还包含在批处理、存储过程或触发器中。T-SQL 游标是 SQL Server 中最常用的游标形式，也是本节内容的重点。

2. API 服务器游标

API 是应用编程接口，API 服务器游标在服务器上实现。每次客户应用程序调用 API 游标函数时，SQL Server OLE DB 提供程序、ODBC 驱动程序或 DB-Library 动态链接库(DLL)就把请求传送到服务器，以便对 API 服务器游标进行操作。

3. 客户端游标

客户端游标由 SQL Server ODBC 驱动程序、DB-Library DLL 和实现 ADO API 的 DLL 在内部实现。客户端游标通过在客户端高速缓存所有结果集行来实现。每次客户应用程序调用客户端游标函数时，SQL Server ODBC 驱动程序、DB-Library DLL 或 ADO DLL 就对高速缓存在客户端中的结果集行执行游标操作。

由于 T-SQL 游标和 API 服务器游标都在服务器端实现，因此它们一起被称为服务器游标。

5.2.2　游标的基本操作

游标的基本操作包括定义游标、打开游标、检索记录、关闭游标和删除游标几个部分。

1. 定义游标

T-SQL 中使用 DECLARE 语句定义游标，语法如下：

```
DECLARE    cursor_name                                --游标名
CURSOR [LOCAL | GLOBAL]                               --全局或局部的
[FORWARD ONLY | SCROLL]                               --游标滚动方式
[READ_ONLY | SCROLL_LOCKS | OPTIMISTIC]               --游标读取方式
FOR SELECT_statements                                 --查询语句
[FOR UPDATE [OF Column_name[,....N]]]                 --可更改字段
```

其主要参数包括以下几个。

(1) cursor_name：游标名称。

(2) LOCAL | GLOBAL：定义游标是全局还是局部游标。

(3) FORWARD ONLY | SCROLL：前一个参数，游标仅能向后滚动；后一个参数，游标可随意滚动。

(4) READ_ONLY：游标为只读游标。

(5) SCROLL_LOCKS：游标锁定，设置该参数后，游标读取记录时，数据库会将该记录锁定，以便完成游标对记录的操作。

(6) OPTIMISTIC：设置该参数后，游标读取记录时，不会将记录锁定；此时，如果记录被读入游标，对游标进行的更新或删除操作均不会成功。

(7) SELECT_statement：查询语句。

(8) UPDATE：设置可更改的字段名称，如果没有设置，则默认可更改所有字段。

2. 打开游标

如果要使用定义后的游标，则必须先将其打开。打开游标的语句如下：

```
OPEN cursor_name
```

游标打开后，可以使用全局变量@@CURSOR_ROWS 显示游标内记录的条数。

3. 检索记录

游标打开后，可以使用 FETCH 来检索游标中的记录，语句如下：

```
FETCH cursor_name
```

从游标中检索记录行的操作称为提取。提取选项如下。

- FETCH FIRST：提取游标的第一行。
- FETCH NEXT：提取上次提取的行的下一行。
- FETCH PRIOR：提取上次提取的行的前一行。
- FETCH LAST：提取游标中的最后一行。
- FETCH ABSOLUTE *n*：
  - 如果 *n* 为正整数，则提取游标中的第 *n* 行。
  - 如果 *n* 为负整数，则提取游标最后一行之前的第 *n* 行。
  - 如果 *n* 为 0，则不提取任何行。
- FETCH RELATIVE *n*：
  - 如果 *n* 为正，则提取上次提取的行之后的第 *n* 行。
  - 如果 *n* 为负，则提取上次提取的行之前的第 *n* 行。
  - 如果 *n* 为 0，则再次提取同一行。

4. 关闭游标

游标使用完成后，需将其暂时关闭。关闭游标需要使用 CLOSE 语句。该语句通过释放当前的结果集来关闭打开的游标。语法如下：

```
CLOSE cursor_name
```

5. 删除游标

如果不再使用游标，可以删除其引用，以释放占用的系统资源。语法如下：

```
DEALLOCATE cursor_name
```

5.2.3 用游标处理数据

我们在 T-SQL 编程中通常会将数据查询后的结果集进行逐条读取并处理，而简单的查询只能获得一个结果集，无法通过查询来逐条读取并处理数据，这时就要用到游标了。在了解游标的基本操作语法后，使用游标读取并操作表中的所有记录，通过以下示例，看看游标是如何处理数据的。

示例分析："百里半线上教育平台"为发展优质客户，提升用户体验度，决定给平台中学习时长高于 100 小时的用户发送优惠卡。根据以上需求，我们会遍历用户账户信息表中的所有数据，逐行读取，并根据账号对应的用户的学习时长进行判断，如果学习时长大于 100 小时，则发送通知让用户登录平台领取优惠卡。

```
--定义一个名为 stuInfo_cursor 的可随意滚动的游标
DECLARE cur_userInfo CURSOR scroll FOR
       SELECT * FROM userInfo
--打开该游标
OPEN cur_userInfo
--定义变量，用于存放游标中读取出来的值
DECLARE @userId NCHAR(8)
DECLARE @acount INT
--读取游标的第一条记录行，并存放在变量中
FETCH FIRST FROM cur_userInfo
       INTO @userId,@acount
--循环读取游标中的记录
PRINT '发送信息：'
--全局变量@@fetch_status 的值有以下 3 种：
   --     0：表示 fetch 语句成功
   --    -1：表示 fetch 语句失败或此行不在结果集中
   --    02：表示被提取的行不存在
WHILE (@@fetch_status = 0)
BEGIN
      IF @acount>100
       BEGIN
       --用 print 输出读取的数据
            PRINT '用户：' + @userId+'   您的在线时长为：'+CONVERT(VARCHAR(10), @acount)
            +'小时   请登录百里半在线学习平台 http://www.bailiban.com 领取您的课程优惠券！'
       END
       --读取下一条记录行
       FETCH next FROM cur_userInfo
            INTO @userId,@acount
END
--读取完成后关闭游标
CLOSE cur_userInfo
--删除游标
DEALLOCATE cur_userInfo
```

其运行结果如图 5-3 所示。

```
消息
发送信息：
用户：20190201   您的在线时长为：300小时   请登录百里半在线学习平台http://www.bailiban.com领取您的课程优惠券！
用户：20190204   您的在线时长为：350小时   请登录百里半在线学习平台http://www.bailiban.com领取您的课程优惠券！
用户：20190205   您的在线时长为：480小时   请登录百里半在线学习平台http://www.bailiban.com领取您的课程优惠券！
```

图 5-3 使用游标读取记录集中的数据

在本示例中，大家可以看到使用游标的完整流程：首先定义一个读取了数据记录

的游标，打开这个游标后，可以读取游标中的内容，所有数据读取完成后将游标关闭并删除。

【单元小结】

- 事务由若干条 T-SQL 指令组成，并且所有的指令作为一个整体提交给数据库系统，执行时，这组指令要么全部执行完成，要么全部撤销。
- 事务的 ACID 特性：原子性、一致性、隔离性、持久性。
- 事务可以分为 3 种类型：显式事务、自动提交事务、隐式事务。
- 游标是一种数据对象，使用它可以按行而不是按集合操纵数据。
- 操纵游标的几个语句：DECLARE 语句(创建)、OPEN 语句(打开)、CLOSE 语句(关闭)、DEALLOCATE 语句(可删除游标)。
- FETCH 可用于在游标中读取记录行。

【单元自测】

1. 用户定义的事务属于(　　)。

   A. 显式事务　　B. 隐式事务

   C. 自动提交事务　　D. 以上都是

2. 下列(　　)语句用于事务回滚。

   A. rollback　　B. commit

   C. rollback transaction　　D. commit transaction

3. 事务处理过程中，可以用于获得错误号的是(　　)。

   A. @@errorCount　　B. @@errorNumber

   C. @@error　　D. @@count

4. 下列(　　)语句用来定义一个可随意滚动的游标。

   A. DECLARE cursor_name CURSOR SCROLL

   B. DECLARE cursor_name SCROLL CURSOR

   C. DECLARE cursor_name CURSOR

   D. DECLARE cursor_name SCROLL

5. 下列(　　)全局变量用于获取游标中符合条件的行的数目。

   A. @@CURSOR_COUNT

   B. @@CURSOR_ROWS

   C. @@CURSOR_NUMBER

   D. @@CURSOR_ROWCOUNT

【上机实战】

上机目标

- 练习使用 T-SQL 编写事务。
- 熟练使用游标提取数据表中的记录。

上机练习

使用 northwind 数据库作为上机使用的数据库。

◆ 第一阶段 ◆

练习 1：练习使用 SQL 的事务

【问题描述】

用事务在类别表(Categories)中插入两条记录，然后将类别名为 Beverages 的记录删除。

说明：本练习要使用的 northwind 数据库是 SQL Server 2008 的示例数据库，请学员准备好该数据库的备份。

【问题分析】

由于外键约束，类别名为 Beverages 的记录不能被删除，所以在事务中会出现错误，事务将会回滚，最后再查看回滚事务后数据表内的记录。

【参考步骤】

(1) 启动 SQL Server Management Studio，并使用“Windows 身份验证”建立连接。
(2) 在“数据库”中右击，选择“还原数据库...”选项，将 northwind 数据库还原。
(3) 在 SQL Server Management Studio 工具中，新建一个查询。
(4) 编写如下代码:

```
USE Northwind

--事务开始前查看数据表中的原始记录
```

```
SELECT CategoryID,CategoryName FROM dbo.Categories

--事务开始
BEGIN TRANSACTION
--插入第一个类别
INSERT dbo.Categories(CategoryName) VALUES ('seafood')
IF @@error <> 0
    ROLLBACK TRANSACTION
--插入第二个类别
INSERT dbo.Categories(CategoryName) VALUES('costume')
IF @@error <> 0
 ROLLBACK TRANSACTION
--查看插入后的记录
SELECT CategoryID,CategoryName FROM dbo.Categories
--删除类别为"Beverages"的记录
DELETE dbo.Categories WHERE CategoryName = 'Beverages'
IF @@error <> 0
    ROLLBACK TRANSACTION
ELSE
    COMMIT TRANSACTION
--事务到此结束
--显示结束后的记录
SELECT CategoryID,CategoryName FROM dbo.Categories
```

(5) 运行以上代码，可以看到在执行事务之前和全部执行完成之后，数据没有发生变化，而在事务执行过程中，记录成功插入了。但是事务回滚之后，数据全部还原。

练习 2：练习使用游标

【问题描述】

在 SQL Server Management Studio 中，练习使用游标提取第一行记录、下一行记录、最后一行记录和任意位置的记录，以及关闭和释放游标。

【参考步骤】

(1) 仍然使用 northwind 数据库的 Categories 表。

(2) 创建游标，代码如下：

```
USE northwind
GO
--创建游标
DECLARE Categories_cursor CURSOR
```

```
scroll
FOR
SELECT CategoryID,CategoryName,Description
FROM dbo.Categories
```

(3) 打开游标，代码如下：

```
--打开游标
OPEN Categories_cursor
```

(4) 提取第一个记录行，代码如下：

```
--提取第一个记录行
FETCH first FROM    Categories_cursor
```

运行代码，可以得到如图 5-4 所示的结果。

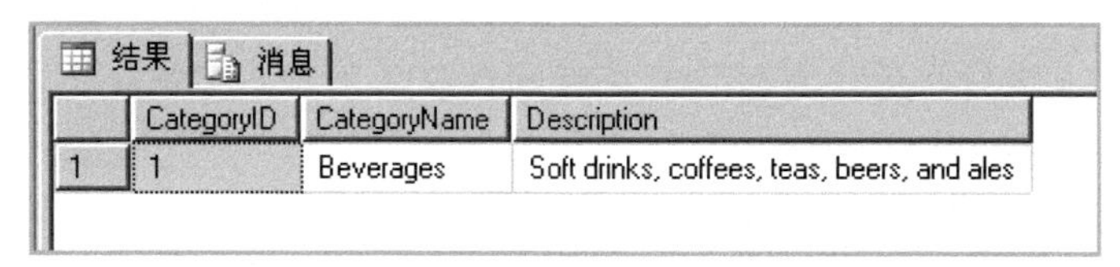

结果 | 消息

	CategoryID	CategoryName	Description
1	1	Beverages	Soft drinks, coffees, teas, beers, and ales

图 5-4　提取第一个记录行

(5) 提取下一个记录行，代码如下：

```
--提取下一个记录行
TETCH next FROM    Categories_cursor
```

运行代码，可以得到如图 5-5 所示的结果。

结果 | 消息

	CategoryID	CategoryName	Description
1	2	Condiments	Sweet and savory sauces, relishes, spreads, and ...

图 5-5　提取下一个记录行

(6) 提取最后一个记录行，代码如下：

```
--提取最后一个记录行
FETCH last FROM Categories_cursor
```

运行代码，可以得到如图 5-6 所示的结果。

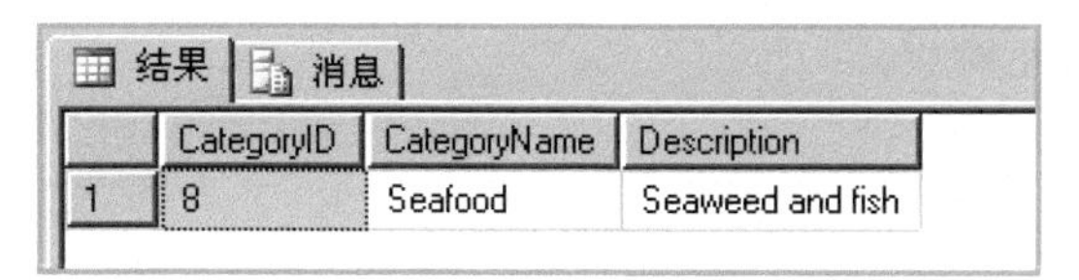

结果 | 消息

	CategoryID	CategoryName	Description
1	8	Seafood	Seaweed and fish

图 5-6　提取最后一个记录行

(7) 用绝对位置提取行，代码如下：

```
--提取第 4 个位置的记录行
FETCH absolute 4 FROM Categories_cursor
```

Absolute 用于提取指定位置的行，如图 5-7 所示。

结果 消息

	CategoryID	CategoryName	Description
1	4	Dairy Products	Cheeses

图 5-7　提取第 4 行记录

(8) 用相对位置提取行，代码如下：

```
--提取相对第 1 个位置的后一个位置的记录行
FETCH relative 1 FROM Categories_cursor
```

相对于游标当前所在的位置(行 4)，游标往后移动 1 行，结果如图 5-8 所示。

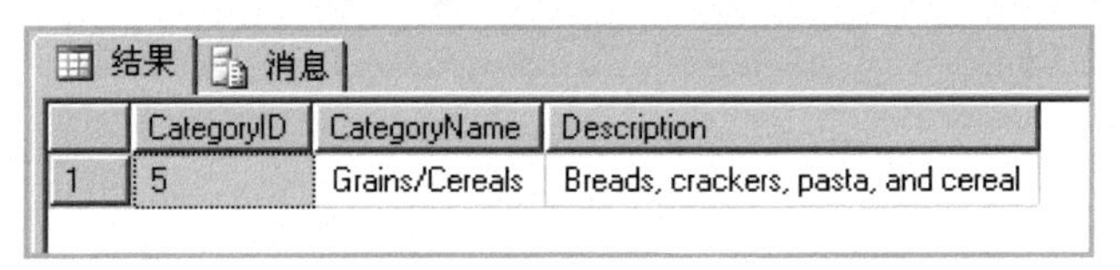

结果 消息

	CategoryID	CategoryName	Description
1	5	Grains/Cereals	Breads, crackers, pasta, and cereal

图 5-8　提取第 4 行的下一个记录行

(9) 游标使用完成后，关闭和释放游标，代码如下：

```
--关闭游标
CLOSE Categories_cursor
--释放游标
DEALLOCATE Categories_cursor
```

◆ 第二阶段 ◆

练习 3：使用游标提取数据表中的部分字段

【问题描述】

在northwind 数据库中，使用游标提取 products 表中的字段 productID、productName、unitPrice，并使用 print 输出。

【问题分析】

- 定义一个游标。

- 对游标包含的记录集进行循环遍历访问，得到的每个字段存放在自定义的几个变量中(注意数据类型一致)。
- 使用 print 输出变量的值。

【拓展作业】

1. 自己创建一个 students 的数据库，数据库中有一个名为 stuInfo(stuID,stuName, stuAge)的表，字段并没有约束。编写一个事务，如果插入的年龄大于 100 或小于 0，则回滚事务。

2. 创建一个游标，在 pubs 数据库的 authors 表中，使用游标遍历表中的所有记录行，定义 4 个变量用于得到姓、名、电话、地址 4 个字段，使用 print 输出这 4 个变量。

3. 创建一个游标，在 northwind 数据库的 Categories 表中，使用游标遍历表中的所有记录行，定义 3 个变量用于得到 CategoryID、CategoryName、Description 3 个字段的值，使用 print 输出这 3 个值。

4. 在 pubs 数据库中创建一个游标，按倒序提取并显示 authors 表的数据行。

5. 在 pubs 数据库中创建一个游标，定义一个名为 Cursor_Job 的游标，其中包含 job 表的所有行。

单元六

存储过程

课程目标

- 存储过程的根据
- 系统存储过程
- 自定义存储过程
- 存储过程优化

简 介

在前面我们学习了Transact-SQL，其是一种结构化查询语言。在 Transact-SQL 中提供了 IF、WHILE 等流程控制语句。它和之前我们学习过的编程语言一样，具有类似的语法。在其他编程语言中，为了提高代码的重用性，较常用的一种方法就是将一些通用的代码剥离出来进行封装，然后组合成一个方法。这样就可以在需要使用的地方反复调用，它方便程序的模块化设计，大大提高了执行效率。

Transact-SQL 中的存储过程类似于其他语言中的存储方法。在本单元中将要向大家介绍关于存储过程的概念、常用的系统存储过程，讲解如何创建自定义存储过程，包括存储过程的输入参数、输出参数，以及如何调用存储过程。

6.1 存储过程的概念

SQL Server 中的存储过程是使用 T_SQL 编写的代码段。它的目的在于能够方便地从系统表中查询信息，或者完成与更新数据库表相关的管理任务和其他的系统管理任务。T_SQL 语句是 SQL Server 数据库与应用程序之间的编程接口。在很多情况下，一些代码会被开发者重复编写多次，如果每次都编写相同功能的代码，既烦琐，又容易出错，而且由于 SQL Server 逐条地执行语句会降低系统的运行效率。

简而言之，存储过程就是 SQL Server 为了实现特定任务，而将一些需要多次调用的固定操作语句编写成程序段，这些程序段存储在服务器上，由数据库服务器通过程序来调用。

当利用 SQL Server 创建一个应用程序时，Transact-SQL 是一种主要的编程语言。运用 Transact-SQL 进行编程有两种方法：其一是在本地存储 Transact-SQL 程序，并创建应用程序向 SQL Server 发送命令来对结果进行处理。其二是可以把部分用 Transact-SQL 编写的程序，作为存储过程存储在 SQL Server 中，并创建应用程序来调用存储过程，对数据结果进行处理。存储过程能够通过接收参数向调用者返回结果集，结果集的格式由调用者确定；返回状态值给调用者，指明调用是成功还是失败；包括针对数据库的操作语句，并且可以在一个存储过程中调用另一个存储过程。

我们通常使用第二种方法，即在 SQL Server 中使用存储过程而不是在客户计算机上调用 Transact -SQL 编写的一段程序，原因在于存储过程具有以下优点。

1. 存储过程允许标准组件式编程

存储过程在被创建以后可以在程序中被多次调用，而不必重新编写该存储过程的 SQL 语句。而且数据库专业人员可随时对存储过程进行修改，但对应用程序源代码毫无影响(因为应用程序源代码只包含存储过程的调用及参数的传递语句)，从而极大地提高了程序的可移植性和程序的健壮性。

2. 存储过程能够实现较快的执行速度

如果某一操作包含大量的 Transact-SQL 代码或分别被多次执行，那么存储过程要比批处理的执行速度快很多。因为存储过程是预编译的，在首次运行一个存储过程时，查询优化器对其进行分析、优化，并给出最终被存在系统表中的执行计划。而批处理的 Transact-SQL 语句在每次运行时都要进行编译和优化，因此速度相对要慢一些。

3. 存储过程能够减少网络流量

对于同一个针对数据库对象的操作(如查询、修改)，如果这一操作所涉及的 Transact -SQL 语句被组织成一个存储过程，那么当在客户计算机上调用该存储过程时，网络中传送的只是该调用语句，从而大大减少了网络流量，降低了网络负载。

4. 存储过程可被作为一种安全机制来充分利用

系统管理员通过对执行某一存储过程的权限进行限制，从而能够实现对相应的数据访问权限的限制，避免非授权用户对数据的访问，保证数据的安全。

6.2 系统存储过程

系统存储过程是 SQL Server 系统自身提供的存储过程，可以作为命令执行各种操作。

系统存储过程主要用来从系统表中获取信息，使用系统存储过程完成数据库服务器的管理工作，可以为系统管理员提供帮助，也可以为用户查看数据库对象提供方便。系统存储过程位于数据库服务器中，并且以 sp_开头。系统存储过程定义在系统定义和用户定义的数据库中，在调用时不必在存储过程前加数据库限定名。例如：sp_rename 系统存储过程可以修改当前数据库中用户创建对象的名称，sp_helptext 存储过程可以显示规则，默认值或视图的文本信息，SQL Server 服务器中很多的管理工作都是通过执行系统存储过程来完成的，许多系统信息也可以通过执行系统存储过程来获得。

系统存储过程创建并存放在系统数据库 master 中，一些系统存储过程只能由系统管理员使用，而有些系统存储过程通过授权可以被其他用户所使用。

表 6-1 列出了一些常用的系统存储过程。

表 6-1 常用的系统存储过程

系统存储过程	说明
sp_databases	列出服务器上的所有数据库
sp_tables	返回可在当前环境中查询的对象列表

(续表)

系统存储过程	说明
sp_columns	返回当前环境中可查询的指定表或视图的列信息
sp_helpINDEX	报告有关表或视图上索引的信息
sp_helpconstraint	返回某个表的约束
sp_stored_procedures	返回当前环境中的存储过程列表
sp_helptext	显示用于在多行中创建对象的定义
sp_helpdb	报告有关指定数据库或所有数据库的信息
sp_defaultdb	更改 Microsoft SQL Server 登录名的默认数据库
sp_renamedb	更改数据库的名称
sp_rename	在当前数据库中更改用户创建对象的名称，此对象可以是表、索引、列

常用的系统存储过程的用法示例代码如下：

```
EXEC sp_databases                        --查看数据库信息
EXEC sp_tables                           --查看表信息

USE StuInfo
EXEC sp_helpindex StuInfo                --查看表 StuInfo 的索引
EXEC sp_helpconstraint StuInfo           --查看表 StuInfo 的约束
EXEC sp_stored_procedures                --查看当前数据库的存储过程列表
EXEC sp_helptext 'sp_helptext'           --查看系统存储过程 sp_helptext 的定义
```

另外，在系统存储过程中还有一些常规扩展存储过程，其中的一个常用的存储过程为 xp_cmdshell，它可以完成 DOS 命令下的一些操作，如创建、删除文件夹，列出文件列表等。我们在用 CREATE DATABASE 创建数据库时要指定数据库文件存放的目录，如果指定的目录不存在，则在执行时会报错。此时就可以直接在查询文本窗口中使用扩展存储过程 xp_cmdshell 创建一个目录，而不必回到 Windows 窗口中创建。

语法如下：

```
xp_cmdshell { 'command_string' } [ ,   no_output ]
```

其中，command_string 为命令字符串；no_output 为可选参数，设置执行命令后是否输出返回信息。

示例：

```
--xp_cmdshell
USE master
GO
```

```
EXEC xp_cmdshell 'md d:\Back',NO_OUTPUT
IF EXISTS(SELECT * FROM sysdatabases WHERE NAME='StuInfo')
DROP DATABASE StuInfo
GO

CREATE DATABASE StuInfo
ON(
NAME='StuInfo',
FILENAME='d:\Back\StuInfo.mdf')
LOG ON(
NAME='StuInfo_log',
FILENAME='d:\Back\StuInfo_log.ldf')
GO


EXEC xp_cmdshell 'dir d:\Back\'
```

上述示例的输出结果如图 6-1 所示。

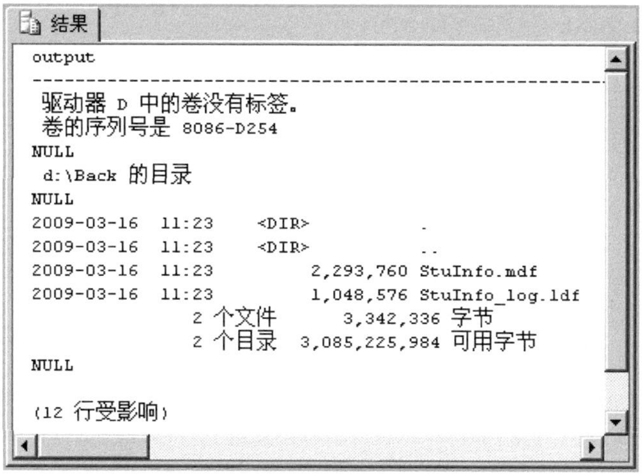

```
结果
output
------------------------------------------------------
 驱动器 D 中的卷没有标签。
 卷的序列号是 8086-D254
NULL
 d:\Back 的目录
NULL
2009-03-16  11:23    <DIR>          .
2009-03-16  11:23    <DIR>          ..
2009-03-16  11:23         2,293,760 StuInfo.mdf
2009-03-16  11:23         1,048,576 StuInfo_log.ldf
               2 个文件      3,342,336 字节
               2 个目录  3,085,225,984 可用字节
NULL

(12 行受影响)
```

图 6-1 xp_cmdshell 存储过程的执行结果

6.3 用户定义的存储过程

除了使用系统存储过程外，还可以创建用户自定义的存储过程。在 SQL Server 中创建自定义存储过程，可使用 Transact-SQL 中的 CREATE PROCEDURE 命令。用户创建成的自定义存储过程都将在当前数据库中。下面将详细讲解如何使用 T-SQL 语句来创建存储过程。

使用 T-SQL 语句创建存储过程的语法如下：

```
CREATE { PROC | PROCEDURE } 存储过程名
 [{@参数 1   数据类型}   [=默认值]   [OUTPUT],
  ……,
{@参数 n，数据类型}     [=默认值]   [OUTPUT]
]
AS
SQL 语句
```

6.3.1 创建不带参数的存储过程

与之前我们学过的编程语言中的方法一样，存储过程也分为带参数的存储过程与不带参数的存储过程，下面先看一下如何声明不带参数的存储过程。

示例：获取“百里半”在线学习平台中所有用户的信息。

```
--在声明存储过程之前首先确认该存储过程是否已经存在，如果存在，先删除
IF EXISTS (SELECT * FROM Sysobjects WHERE NAME='usp_GetAlluserInfo')
DROP PROCEDURE usp_GetAlluserInfo
GO
--创建不带参数的存储过程
CREATE PROCEDURE usp_GetAlluserInfo
AS
      SELECT a.userId, a.userName, b.acountMoney
      FROM userInfo a, acountInfo b
      WHERE a.userId=b.userId
GO

EXEC usp_GetAlluserInfo
EXECUTE usp_GetAlluserInfo                    --使用 EXECUTE 执行存储过程
```

示例输出结果如图 6-2 所示。

结果　消息

	userId	userName	acountMoney
1	201901	张小聪	80
2	201902	王志明	320
3	201903	胡丽丽	150
4	201904	周秀儿	180

图 6-2　不带参数的存储过程

6.3.2 创建带参数的存储过程

在实际的项目中，存储过程也和方法一样，并不是所有的存储过程都不需要参数，很多情况下也需要用户输入相应的参数来帮助存储过程完成其功能。

在之前学过的编程语言中，我们调用带参数的方法时，需要传递实际参数值给形式参数。例如：调用比较两个整数大小的方法 int compare(int first，int second)，比较 10 和 20 的大小，则调用形式为 temp = compare(10，20)，方法 compare 返回值将赋给变量 temp。

存储过程中的参数与此非常相似，在存储过程中有以下两种类型的参数。

- 输入参数：调用时向存储过程传递实际数值，用来向存储过程传入值。
- 输出参数：同之前学过的编程语言中的方法有区别的地方是，我们之前学过的方法如果要将运行后的参数返回需使用方法的返回值来完成，而存储过程中如果希望参数的值可以带出方法，则需要使用输出参数。通过定义参数时在其后加入 OUTPUT 标记，表明该参数是输出参数。执行存储过程后，将把返回值存放在输出参数中，可供其他 T-SQL 语句读取访问。

示例：根据用户姓名，获得用户在平台的在线时间。

```
---在声明存储过程之前首先确认该存储过程是否已经存在，如果存在，先删除
IF EXISTS (SELECT * FROM Sysobjects WHERE NAME='usp_GetStudyInfoById')
DROP PROCEDURE usp_GetStudyInfoById
GO
--创建带参数的存储过程
CREATE PROCEDURE usp_GetStudyInfoById
@userName VARCHAR(10)
AS
    SELECT a.userId, a.userName, b.countTime
    FROM userInfo a, studyInfo b
    WHERE a.userId=b.userId
    AND a.userName=@userName
GO
EXECUTE usp_GetStudyInfoById '王志明'            --使用 EXECUTE 执行存储过程
```

示例输出结果如图 6-3 所示。

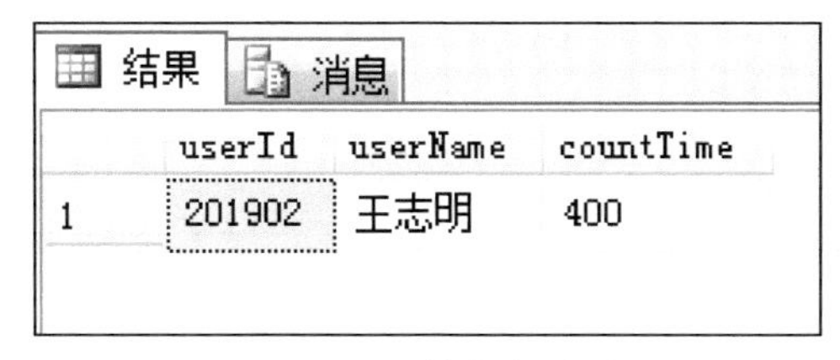

图 6-3 带参数的存储过程

6.3.3 创建参数有默认值的存储过程

在调用存储过程时，有些参数的值的变化很少，这时，可以给这些参数一个默认值，即使调用时不输入值，也会在存储过程中使用默认值，在很大程度上方便了调用。

示例：用户在“百里半”平台进行信息注册时，需要填写一些基本信息，但如果批量用户注册，为提高效率，会采用由管理员批量导入的方式，这个时候在管理员导入每一条数据时就需要为用户指定一个默认的密码，下面就使用带参数默认值的存储过程来实现以上需求。

```
--参数有默认值的存储过程
--添加用户信息表的数据
IF EXISTS (SELECT * FROM sysobjects WHERE NAME='usp_insertUserInfo')
DROP PROC    usp_insertUserInfo
GO
CREATE PROC usp_insertUserInfo
@userId CHAR(6),
@userName VARCHAR(10),
@userAge INT,
@userSex BIT,
@userPwd CHAR(8)='88888888'
AS
      INSERT INTO userInfo (userId, userName, userAge,userSex,userPwd)
      VALUES (@userId, @userName, @userAge,@userSex,@userPwd)
GO
--调用参数有默认值的存储过程
EXEC usp_insertUserInfo '201905','刘华',25,1,DEFAULT
```

成功完成后，查看数据库中表的数据，如图 6-4 所示。

结果　消息

	userId	userName	userAge	userSex	userPwd
1	201901	张小聪	24	1	88888888
2	201902	王志明	25	1	88888888
3	201903	胡丽丽	23	0	88888888
4	201904	周秀儿	22	0	88888888
5	201905	刘华	25	1	88888888

图 6-4　参数有默认值的存储过程

注意

参数有默认值的存储过程，调用该参数时，可以不给该参数传值，也可以给该参数传值。

6.3.4　创建带输出参数的存储过程

存储过程是不能直接返回任何数据的，除了数据集。

但如果希望调用存储过程后，返回一个或多个值，就需要用到输出参数。使用输出参数时，需要在定义参数时在参数后面加上 OUTPUT 关键字。

示例：还是上面的需求，根据用户姓名查询用户在线时长，并将该用户的在线时长输出。

```
--在声明存储过程之前首先确认该存储过程是否已经存在，如果存在，先删除
IF EXISTS (SELECT * FROM Sysobjects WHERE NAME='usp_GetStudyInfoByIdOut')
DROP PROCEDURE usp_GetStudyInfoByIdOut
GO
--创建带参数的存储过程
CREATE PROCEDURE usp_GetStudyInfoByIdOut
@userName VARCHAR(10),
@countTime FLOAT OUTPUT
AS
    SELECT @countTime=b.countTime
    FROM userInfo a, studyInfo b
    WHERE a.userId=b.userId
    AND a.userName=@userName
GO

DECLARE @countTime FLOAT
EXECUTE usp_GetStudyInfoByIdOut '王志明',@countTime
--使用 EXECUTE 执行存储过程
PRINT '王志明的在线学习时长是：'+CONVERT(VARCHAR(5),@countTime)
```

示例结果如图 6-5 所示。

在调用有输出参数的存储过程时，必须注意以下几点。

- 输出参数时，必须使用变量。
- 如果要获得输出参数的值，那么在调用时，也必须说明该参数为输出参数，也就是说在参数后必须显式加上 OUTPUT。
- 输出参数的同时也是输入参数，调用时，也可以给参数赋值。

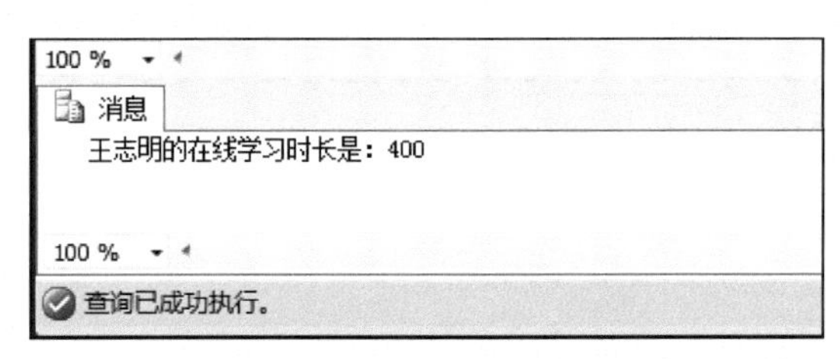

图 6-5　带输出参数的存储过程

6.4　RAISERROR

在实际开发过程中，程序中总有一些问题需要处理，如：编写一个做除法的存储过程，则需要考虑调用过程中出现被除数为 0 的情况。当出现这种情况时，可以告诉服务器出现的问题，并中断程序的执行。

RAISERROR 可以根据程序的需要，定义不同的错误编码，在调用时，根据 RAISERROR 返回的错误编码，就可以很清楚地知道引起错误的原因，并做出相应的处理，保证程序的正确运行。

RAISERROR 返回用户定义的错误信息时，可指定严重级别，设置系统变量记录所发生的错误。

语法如下：

```
RAISERROR ( { msg_id | msg_str | @local_variable }
      { ,severity ,state }
      [ ,argument [ ,...n ] ] )
[ WITH option [ ,...n ] ]
```

- msg_id：在 sysmessages 系统表中指定的用户定义错误信息。
- msg_str：用户定义的信息。该错误消息最长可达 2047 个字符。
- severity：用户定义的与该消息关联的严重级别。当使用 msg_id 引发使用 sp_addmessage 创建的用户定义消息时，RAISERROR 上指定的严重性将覆盖 sp_addmessage 中指定的严重性。任何用户都可以指定 0 到 18 之间的严重级别。只有 sysadmin 固定服务器角色成员或具有 ALTER TRACE 权限的用户才能指定 19 到 25 之间的严重级别。若要使用 19 到 25 之间的严重级别，必须选择 WITH LOG 选项。
- state：介于 1 至 127 之间的任意整数。state 的负值默认为 1。值为 0 或大于 127 会生成错误。如果在多个位置引发相同的用户定义错误，则针对每个位置使用唯一的状态号有助于找到引发错误的代码段。
- option：错误的自定义选项，可以是表 6-2 中的任一值。

表 6-2 错误的自定义选项值

值	说明
LOG	在 Microsoft SQL Server数据库引擎实例的错误日志和应用程序日志中记录错误。记录到错误日志的错误目前被限定为最多 440 字节。只有 sysadmin 固定服务器角色成员或具有ALTER TRACE 权限的用户才能指定WITH LOG
NOWAIT	将消息立即发送给客户端
SETERROR	将@@ERROR 值和 ERROR_NUMBER 值设置为 msg_id 或 50000，不用考虑严重级别

示例：实现以零作除数错误。代码如下：

```
--自定义错误
--RAISERROR (错误消息, 严重级别, 状态)
IF EXISTS (SELECT * FROM SYSOBJECTS WHERE NAME='Proc_Divide')
DROP PROC Proc_Divide
GO
CREATE PROC Proc_Divide
@a int,
@b int
AS
    DECLARE @c INT
    IF (@b = 0)
    BEGIN
        RAISERROR ('以零作除数错误', 15, 2)
        RETURN
    END
    SET @c = @a / @b
GO

EXEC Proc_Divide 10, 0
     SELECT @@ERROR AS 错误编号
```

程序输出结果如图 6-6 所示。

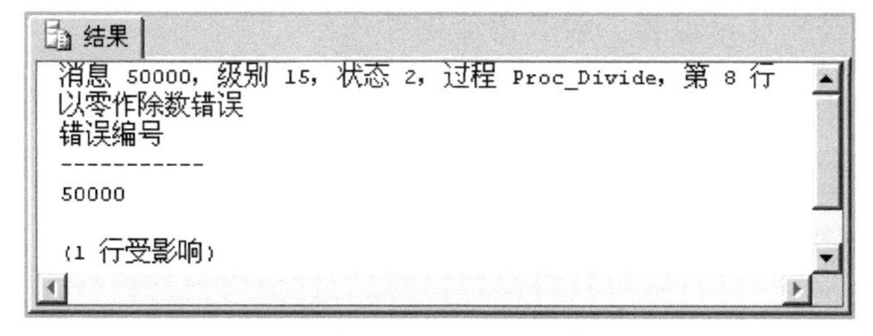

图 6-6 实现以零作除数错误

6.5 存储过程的优化

为了提高存储过程的运行效率，降低不必要的系统开销，在编写存储过程时需要注意存储过程的编写优化，优化存储过程的方式有很多种，常用的存储过程优化方法如下。

1. 使用 SET NOCOUNT ON 选项关闭除数据集外的信息的输出

我们使用 SELECT 语句时，除了返回对应的结果集外，还会返回相应的影响行数。使用 SET NOCOUNT ON 后，除了数据集就不会返回额外的信息了，减少了网络流量。

2. 在查询语句中尽可能地显式指定对象的 Schema 属性

在使用表、存储过程、函数等对象时，最好为对象显式加上 Schema，这样可以使 SQL Server 直接找到对应目标，避免到计划缓存中搜索，避免因为搜索造成的编译锁定，最终影响性能。例如，使用 SELECT * FROM dbo.userInfo 比直接使用 SELECT * FROM userInfo 效率更高一些。因为直接使用 FROM userInfo 会在当前 Schema 下搜索，如果没有，再去 dbo 下搜索，影响性能。而且如果你的表是 houpu.userInfo，那么 SELECT * FROM userInfo 会直接报错，提示找不到 userInfo 表。所以在查询时为对象显式指定具体的 Schema 也是一个好习惯。

3. 自定义存储过程时规范命名，避免与系统存储过程命名规则相同

因为系统存储过程默认以 sp_开头，因此在调用存储过程时，如果发现以 sp_开头的存储过程则会先去 master 库中查找，然后再到当前数据库中查找，这样也会影响效率。因此用户自定义存储过程建议使用 usp_开头。

4. 存储过程中尽可能少使用游标

总体来说，SQL 是个集合语言，对于集合运算具有较高的性能，而 Cursors 是过程运算。例如，对一个 100 万行的数据进行查询，游标需要读表 100 万次，而不使用游标只需要少量几次读取即可。

5. 在存储过程中尽可能减少较长事务的使用

SQL Server 2012 是支持并发操作的。如果事务过多或者过长，都会造成并发操作的阻塞及死锁。发生死锁及阻塞后会造成查询极慢，同时 CPU 使用率极低。

6. 在定义存储过程时进行必要的异常处理

SQL Server 2012 提供对异常处理的支持，其语法如下。

```
BEGIN TRY
            --语句块
```

```
    END TRY
BEGIN CATCH
        --error dispose
END CATCH
```

一般情况下，可以将 TRY-CATCH 同事务结合在一起使用。

```
BEGIN TRY
            BEGIN TRANSACTION
                    --语句块
            COMMIT TRANSACTION
    END TRY
BEGIN CATCH
                --IF ERROR
    ROLLBACK TRANSACTION
END CATCH
```

【单元小结】

- 存储过程是一组预编译的 Transact-SQL 语句，可以强制应用程序的安全性，允许模块化程序设计。
- 存储过程可分为系统存储过程和用户自定义存储过程。
- CREATE PROCEDURE 用于创建存储过程。
- 存储过程的参数可分为输入参数和输出参数。
- 输出参数在定义和调用时都要使用关键字 OUTPUT。
- EXEC 用于执行存储过程。
- RAISERROR 返回用户定义的错误信息。

【单元自测】

1. 系统存储过程以(　　)为前缀。

   A. @@　　B. @　　C. sp_　　D. up_

2. 系统存储过程主要存储在(　　)数据库中。

   A. Tempdb　　B. Master　　C. Model　　D. msdb

3. 定义存储过程中的输出参数时，要在参数后使用(　　)关键字。

   A. FAULT　　B. OUTPUT　　C. INPUT　　D. WITH

4. 下面关于自定义存储过程，说法正确的是(　　)。

```
create procedure proc_stu
@num int input
as
```

```
        create table tab
        (
                num int
        )
go
```

A. 没问题，其中定义的 tab 表为局部临时表，该存储过程以外无效

B. 不行，存储过程中必须包含至少 1 个查询语句，另外，第 1 行的 procedure 可以简写成 proc

C. 无法正确执行，存储过程中不能包含表定义

D. 应该将第 2 行的 input 改为 output，或者去掉

5. 系统存储过程 sp_helptext 的作用是(　　)。

A. 查看帮助　　B. 查看权限　　C. 查看创建对象的定义

【上机实战】

上机目标

- 使用常用系统存储过程。
- 在 SQL Server 中创建各种类型的存储过程。
- 调用存储过程。

上机练习

◆ 第一阶段 ◆

练习 1：使用常用系统存储过程

【问题描述】

在 D:\下创建一个文件夹 MyDB，在 MyDB 中创建一个数据库 Student，在数据库 Student 中创建表 stuInfo(创建相应的索引)。

【问题分析】

首先创建文件夹，使用 xp_cmdshell 扩展存储过程，然后使用 SQL 语句创建数据

库、表，创建完毕后使用系统存储过程 sp_helpINDEX 查看表的索引。

【参考步骤】

代码如下：

```
USE master
EXEC xp_cmdshell 'md d:\MyDB',NO_OUTPUT
GO
CREATE DATABASE Student
ON(
NAME='student',
FILENAME='d:\MyDB\student.mdf')
LOG ON(
NAME='student_log',
FILENAME='d:\MyDB\student_log.ldf')
GO
USE Student
CREATE TABLE StuInfo(
sid int identity(1,1) primary key,
sname varchar(10),
sex varchar(2))
GO
EXEC sp_helpINDEX StuInfo
```

输出结果如图 6-7 所示。

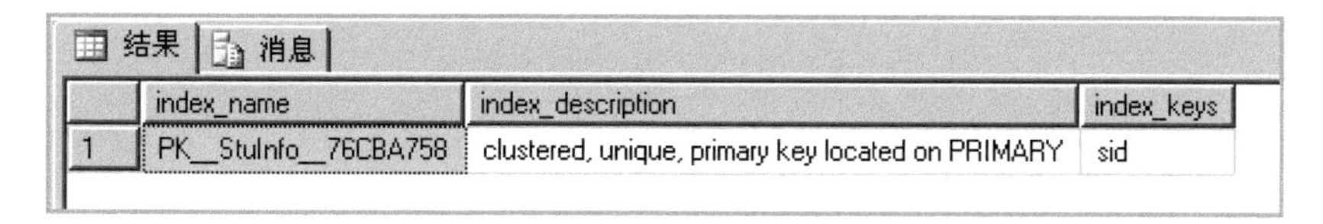

结果 消息

	index_name	index_description	index_keys
1	PK__StuInfo__76CBA758	clustered, unique, primary key located on PRIMARY	sid

图 6-7 输出结果

练习 2：使用存储过程向 StuInfo 表插入数据

【问题描述】

在练习 1 中我们已经创建了表 StuInfo，现在向表 StuInfo 中插入数据。

【问题分析】

首先创建一个向表 StuInfo 插入数据的存储过程，然后通过调用存储过程插入数据。

【参考步骤】

(1) 创建向表 StuInfo 插入数据的存储过程。参考语句如下：

```
CREATE PROCEDURE InsertRecord
@sname varchar(10),
@sex char(2)
AS
	INSERT INTO StuInfo VALUES(@sname,@sex)
```

(2) 调用存储过程，插入数据。参考语句如下：

```
EXEC InsertRecord '张明仁', '男'
GO
EXEC InsertRecord '李朋鸣', '男'
GO
EXEC InsertRecord  '罗瑞红', '女'
GO
SELECT * FROM StuInfo
```

结果如图 6-8 所示。

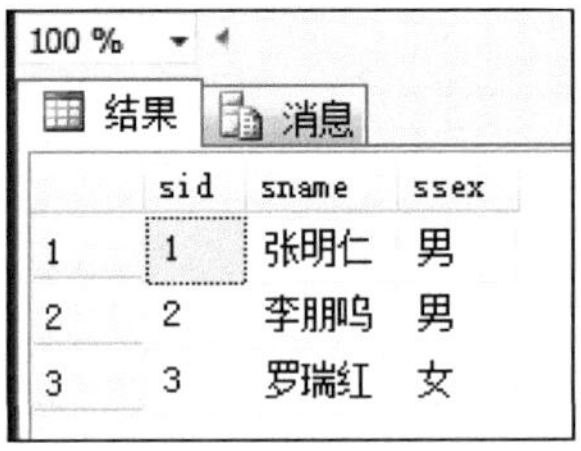

100 %

结果 消息

	sid	sname	ssex
1	1	张明仁	男
2	2	李朋鸣	男
3	3	罗瑞红	女

图 6-8 运行结果

◆ 第二阶段 ◆

练习 3：创建表 StuScore，创建向表 StuScore 插入数据的存储过程

【问题描述】

创建表 StuScore，然后创建插入数据的存储过程，调用该存储过程，插入测试数据。

【问题分析】

- 创建表 StuScore，建立主键约束和与表 StuInfo 的外键约束。
- 创建向表 StuScore 插入数据的存储过程。
- 调用存储过程，插入多条测试数据，显示查询结果。

练习 4：创建带默认值的存储过程

【问题描述】

编写一个带默认值的存储过程。输入学生姓名，如果存在，则显示学生的信息和成绩；如果不存在，则显示“×××学生不存在”。如果没有输入参数，则显示所有学生的信息和成绩。

【问题分析】

- 同时显示学生的信息和成绩要使用连接查询。
- 给参数设置默认值为*，在存储过程中判断如果是*，则显示所有学生的信息和成绩。
- 判断查询的记录数是否为 0，如果是则输出“×××学生不存在”，否则输出学生信息和成绩。

【拓展作业】

1. 创建一个显示表 StuInfo 所有记录的存储过程。

2. 创建一个带参数的更新存储过程，第一个参数表示性别，第二个参数表示要加的分数。

3. 创建一个带输出参数的存储过程，第一个参数表示男生人数，第二个参数表示女生人数。将返回值输出。

4. 创建存储过程，该存储过程计算及格率、优秀率(平均分超过 80 分)。

5. 创建存储过程，该存储过程对学生的及格率进行分析，如果小于 50%，则给学生进行加分操作。每次加 1 分，然后再对及格率进行分析，如果还不够 50%，则再进行加分操作，直到及格率超出 50%。存储过程执行完后，应能得到最终加了多少分值。

注意

在进行加分操作时，要注意对学生的成绩进行判断，成绩应不大于 100 分。可考虑分成两个存储过程来实现(存储过程的嵌套调用)，一个存储过程实现加分操作，另一个存储过程对及格率进行计算、分析，判断是否继续调用实现加分操作的存储过程。

触发器

课程目标

- ▶ 了解为什么需要触发器
- ▶ 触发器的工作原理
- ▶ 掌握 AFTER 触发器
- ▶ 了解 INSTEAD OF 触发器

简 介

上一单元给大家介绍了存储过程的概念和使用，其实它就类似于我们之前学习过的编程语言中的方法的概念：把一些复杂的业务逻辑或者规则写成一个独立的模块。今后需要使用的时候，就可以直接调用存储过程。SQL Server 2012 中存储过程分为系统存储过程和自定义存储过程。存储过程可以带参数，参数有输入参数(可以具有默认值)和输出参数。使用 EXCUTE 命令调用存储过程执行。前面我们学过了约束的概念，约束可以强制数据的完整性，保证数据符合我们的要求，如 check 约束，但是一旦需要实现比较高级的约束功能时，我们学过的知识就无法做到了。要解决这个问题，就需要学习触发器的知识。触发器是一种特殊类型的存储过程，它不同于前面介绍过的存储过程。触发器主要是通过事件进行触发被自动调用执行的，而存储过程可以通过存储过程名字被直接调用。当对某一个表进行 UPDATE、INSERT、DELETE 操作时，SQL Server 就会自动执行触发器所定义的 T-SQL 语句，从而确保对数据的处理符合一些特殊要求。

7.1 问题的引入

为什么需要触发器？我们来看一个典型的例子。

假定超市里有一个管理系统，系统里存在 3 张表：商品信息表(GoodsInfo)用来存放商品的信息，订单信息表(OrderInfo)用来存放订单信息，库存信息表(StockInfo)用来存放商品的库存信息。

使用 T-SQL 语句定义上面 3 张表，如下面示例所示。

示例：在管理系统中，添加订单信息。

```
USE SuperMarketDB
GO
/*--------------------------建表----------------*/
IF EXISTS (SELECT * FROM sysobjects WHERE name='OrderInfo')
    DROP TABLE OrderInfo
IF EXISTS (SELECT * FROM sysobjects WHERE name='StockInfo')
    DROP TABLE StockInfo
IF EXISTS (SELECT * FROM sysobjects WHERE name='GoodsInfo')
    DROP TABLE GoodsInfo
GO
/*--------创建商品信息表-------*/
CREATE TABLE GoodsInfo
(
```

```
GoodsID INT   NOT   NULL,                        --定义商品的编号
    GoodsName VARCHAR(20)   NOT   NULL,          --定义商品的名称
    GoodsPrice MONNEY   NOT   NULL               --定义商品的价格
)
/*--------添加商品信息表的约束------*/
ALTER TABLE GoodsInfo ADD CONSTRAINT PK_GoodsID PRIMARY KEY(GoodsID) --主键约束
GO
CREATE TABLE OrderInfo                      --订单信息表
(
    GoodsID int not null,                   --商品编号
    GoodsName varchar(20) not null,         --商品名称
    SaleAmount int not null,                --订单数量
    OrderDate datetime not null             --订单日期
)
GO

/*-----------------------添加约束---------------*/
ALTER TABLE OrderInfo   --订单数量必须大于 0
  ADD CONSTRAINT SaleAmount CHECK(SaleAmount>0)
ALter TABLE OrderInfo   --订单日期默认为当前日期
  ADD CONSTRAINT DF_OrderDate DEFAULT(GETDATE()) FOR OrderDate
GO
CREATE TABLE StockInfo   --商品库存信息表
(
    GoodsID int not null,        --商品编号
    StockAmount int not null  --商品库存数量
)
GO

/*----------添加约束---------*/
ALTER TABLE StockInfo ADD CONSTRAINT FK_GoodsID FOREIGN KEY (GoodsID)
REFERENCES GoodsInfo (GoodsID)          --给库存信息表添加外键约束
GO
/*---插入测试数据：在商品信息表和库存表中插入信息---*/
INSERT INTO GoodsInfo VALUES (1,'联想牌 MP3',523)
GO
INSERT INTO StockInfo(GoodsID,StockAmount) VALUES (1,50)
GO

/*----在 OrderInfo 表中插入订单信息---------*/
INSERT INTO OrderInfo(GoodsID,GoodsName,SaleAmount) VALUES (1,'联想牌 MP3',1)
```

```
--查看结果
SELECT * FROM OrderInfo
SELECT * FROM StockInfo
```

示例的输出结果如图 7-1 所示。

结果 | 消息

	GoodsID	GoodsName	SaleAmount	OrderDate
1	1	联想牌MP3	1	2009-03-17 14:37:51.733

	GoodsID	StockAmount
1	1	50

图 7-1　库存表与订单表的数据

上述的结果有什么错误吗？我们发现，当往订单信息表中插入一条信息时，虽然订单表中保存了订单信息，但是库存表中该商品的库存量仍是 50，并没有自动跟随修改。显然，在往订单表中插入订单信息时，应当自动减少该商品的库存量，而且按照事务的角度来说，一旦订单交易失败，对库存的修改也要取消。

如何解决这样的问题呢？这样一个特殊的业务规则按以前学过的知识来约束行吗？答案显然是不行的。使用事务呢？事务可以保证当订单交易失败时，对库存的修改也取消，但是不能实现自动修改库存信息的功能。我们需要往订单表中插入数据后，自动触发一个动作，即修改对应的库存信息。这样就能确保订单表和库存表的信息完整性。最优的解决方案就是采用触发器。触发器是一种特殊的存储过程，它是自动执行的，并且支持事务的特征。它能在多个表之间执行特殊的业务规则以满足实际的需要。

7.2　什么是触发器

触发器是对表进行插入、更新或删除时会自动执行的特殊存储过程。触发器一般用在比 CHECK 约束更加复杂的约束中，如执行多个表之间的强制业务规则。在触发器中可以执行复杂的 SQL 语句，如 IF、WHILE 等语句，并且可以引用其他表的列，对其他表进行操作。触发器与普通存储过程的区别是：触发器是当对某一个表进行操作(如对 UPDATE、INSERT、DELETE 等进行操作时)，SQL Server 自动调用该表上所对应的触发器，执行触发器中所定义的 SQL 语句。在 SQL Server 2012 中触发器可以分为 DML 触发器和 DDL 触发器两大类，其中 DDL 触发器会为响应多种数据定义语言(DDL)语句而激发，这些语句主要是以 CREATE、ALTER 和 DROP 开头的语句。本单元重点介绍 DML 触发器。DML 触发器可以分为两大类：AFTER 触发器和 INSTEAD OF 触发器，其中 AFTER 类型触发器只有在执行 INSERT、UPDATE、DELETE 操作之后触发器才被触发，且只能在表上定义。而 INSTEAD OF 触发器并不执行其所定义的

(INSERT、UPDATE、DELETE)操作而仅是执行触发器本身，既可以在表上定义 INSTEAD OF 触发器，也可以在视图上定义 INSTEAD OF 触发器。本单元重点给大家讲解 AFTER 触发器。在触发器中有两个非常特殊的表：插入表(inserted 表)和删除表(deleted 表)。这两张表称为逻辑表，也可以称为虚拟表，它们由系统创建，并存在于内存中，而不会存储在数据库中，并且两张表具有只读的属性，即只能读取数据，不能修改数据。这两个表的结构总是与被该触发器作用的表有相同的表结构，它们是动态驻留在内存中的。当触发器工作完成后，这两个表会被自动删除。这两个表保存的数据是因用户操作而被影响的原数据值或新数据值。

我们可以看看插入表和删除表的临时表的一个情况，如表 7-1 所示。

表 7-1 插入表和删除表的临时表

对表的操作	inserted 逻辑表	deleted 逻辑表
增加记录(INSERT)	存放增加的记录	无
删除记录(DELETE)	无	存放被删除的记录
修改记录(UPDATE)	存放更新后的记录	存放更新前的记录

可以看出当对表进行不同的操作时，相应的逻辑表中就会存放相关的操作记录，比较特殊的是 UPDATE 的操作。实际上是可以看成先把要更新的记录删除，然后再把更新后的数据插入表中，这样 inserted 表和 deleted 表中都有数据记录。需要知道的是：触发器本身是一个事务，所以在触发器中可以对修改的数据进行一些特殊的检查，如果不满足需要，可以使用事务回滚(ROLLBACK TRANSACTION)来撤销本次操作。

注意

如果创建的 AFTER 触发器的表上有约束，则执行 INSERT、UPDATE、DELETE 触发器时会先检查约束，如果不满足约束，则不执行这些触发器。

7.3 如何创建触发器

在 SQL Server 2012 中创建触发器有两种方法：一种是在 SQL Server Management Studio 中创建，如图 7-2 所示，选中要创建的触发器的表，然后点开“+”号，可以看到触发器的图标，选中后右击，选中“新建触发器”选项，在右边的窗口中就可以编辑触发器的代码了。另一种就是在 SQL 查询窗口中编写创建触发器的代码，本单元重点讲解这种方式。

创建触发器的 T-SQL 语法如下：

```
CREATE TRIGGER TRIGGER_NAME
ON TABLE_NAME
```

```
WITH ENCRYPTION
FOR UPDATE.....
AS
    T-SQL 语句
```

图 7-2　新建触发器

其中对语法的各个规则说明如下。

- TRIGGER_NAME：表示触发器的名称，要定义一个能说明触发器的用途的名称。
- TABLE_NAME：表示触发器是定义在哪个表上的，也可以是视图的名称。
- WITH ENCRYPTION：其为可选的关键字，表示是否加密该触发器，如果加密，则使用 SP_HELPTEXT 时看不到该触发器的 T-SQL 代码。
- UPDATE：其为该触发器的触发动作定义，可以为 UPDATE、DELETE、INSERT 之一或多个定义，如果是多个，则需要用逗号分隔。

注意

创建触发器时，必须是批处理的第一条语句。

7.3.1　创建 INSERT 类型的触发器

现在我们利用触发器解决前面的订单问题，当向订单表中插入一条记录时，应该自动更新该商品的库存信息。我们先分析一下如何解决问题，首先应该在哪张表上建立触发器呢？我们是对订单信息表插入信息，由该插入动作引发的触发器来更新对应的库存信息表的记录，所以显然应该是在订单信息表上建立 INSERT 触发器。那么如何获取订单记录中的商品的编号和数量，而后更新库存信息表中相应的商品库存呢？显然我们需要的信息存放在前面介绍过的inserted表中。根据分析思路，编写如下 T-SQL 代码：

```
USE SuperMarketDB
GO
/*--------检测触发器是否存在，如果存在则先删除------------*/
IF EXISTS (SELECT name FROM sysobjects WHERE name='Tri_OrderInfo_Insert')
    DROP TRIGGER Tri_OrderInfo_Insert
GO
/*---------在订单信息表上创建 INSERT 触发器----------------*/
CREATE TRIGGER Tri_OrderInfo_Insert
ON OrderInfo
  FOR INSERT
    AS
    /*------定义变量，用来临时存放插入的商品的编号、数量----*/
    DECLARE @GoodID int,@SaleAmount int

    /*------从 inserted 逻辑表中获取插入的订单信息，并赋值----*/
    SELECT @GoodID=GoodsId,@SaleAmount=SaleAmount FROM inserted

    /*-------更新对应的库存信息表-----------*/
    UPDATE StockInfo set StockAmount=StockAmount-@SaleAmount
            WHERE GoodsID=@GoodID

    /*-------显示相应的结果信息------------*/
    PRINT   '订单交易成功！'+'交易数量为:'+CONVERT (varchar(20),@SaleAmount)
GO


/*-----------测试触发器往订单表插入订单信息-----------------*/

SET NOCOUNT ON      --不显示 T-SQL 语句的影响记录行数

INSERT INTO OrderInfo(GoodsID,GoodsName,SaleAmount) VALUES (1,'联想牌 MP3',1)

--查看结果
SELECT * FROM OrderInfo
SELECT * FROM StockInfo
```

该代码的运行结果如图 7-3 所示，当在订单信息表中插入一条信息时，将触发该表上的 INSERT 触发器，自动修改该商品的库存信息，并打印出交易成功的信息。

结果 消息

	GoodsID	GoodsName	SaleAmount	OrderDate
1	1	联想牌MP3	1	2009-03-17 14:37:51.733
2	1	联想牌MP3	1	2009-03-17 14:45:30.077

	GoodsID	StockAmount
1	1	49

图 7-3　INSERT 触发器

7.3.2　创建 DELETE 类型的触发器

我们现在利用 DELETE 类型的触发器来做这样的功能。假设订单表的记录由于时间的关系，会变得非常大，因此需要定期删除订单表的记录，但是这些删除的记录可能会被客户查询。因此需要在删除记录时，能够自动将删除的记录备份到备份表中，以备用户以后查询。那么与创建 INSERT 的触发器一样，应当在订单表上创建一个 DELETE 触发器，而被删除的数据可以从 deleted 表中获取。

T-SQL 代码如下所示：

```
USE SuperMarketDB
GO
/*----------检查是否存在触发器---------*/
IF EXISTS (SELECT * FROM sysobjects
WHERE name='Tri_OrderInfo_Delete')
DROP TRIGGER Tri_OrderInfo_Delete
GO

/*---------在 OrderInfo 上创建 DELETE 触发器------*/
CREATE TRIGGER Tri_OrderInfo_Delete
ON OrderInfo
  FOR DELETE
    AS
PRINT '备份中.....'
      /*--------检查备份表是否存在-------*/
      IF EXISTS (SELECT * FROM sysobjects WHERE name='BackupOrderInfo')
         INSERT INTO BackupOrderInfo SELECT * FROM deleted --如果存在，则直接插入
      ELSE
          SELECT * INTO BackupOrderInfo FROM deleted --如果不存在，则先创建再插入
      PRINT '备份数据成功!'
GO

/*------测试触发器--------*/
SET NOCOUNT ON --不显示 T-SQL 语句的影响记录行数
```

```
DELETE FROM OrderInfo
/*------------查看结果--------*/
PRINT '订单表的数据'
SELECT * FROM OrderInfo
PRINT '订单备份表的数据'
SELECT * FROM BackupOrderInfo
```

示例输出的结果如图 7-4 所示，订单信息表中的记录已被删空，将信息备份到备份表中。

```
结果
备份中.....
备份数据成功!
订单表的数据
GoodsID     GoodsName            SaleAmount  OrderDate
----------- -------------------- ----------- -----------------------

订单备份表的数据
GoodsID     GoodsName            SaleAmount  OrderDate
----------- -------------------- ----------- -----------------------
1           联想牌MP3            1           2009-03-17 14:45:30.077
1           联想牌MP3            1           2009-03-17 14:37:51.733
```

图 7-4　DELETE 触发器运行结果

7.3.3　创建 UPDATE 类型的触发器

使用 UPDATE 触发器的目的主要是获取更新的数值，判断该数值是否满足一些特殊的约束。

还是上述订单示例，在对库存信息表进行更新时，需要检查交易的商品数量是否小于等于库存数量。如果不满足条件，则取消订单交易，并给出错误提示。分析这个题目的要求，当修改库存信息表中的库存信息时，需要获得用户的订单交易数量。按照以前介绍的知识，更新前的商品库存数量会放到 deleted 逻辑表中，而更新后的商品库存数量则放到 inserted 逻辑表中。我们可以用更新后的商品库存量减去更新前的商品库存量，得到用户的交易数量。把这个数量和当前的商品库存数量做对比，就可以知道订单数量是否超过了库存量。按照这个思路，可以编写如下的 T-SQL 代码：

```
USE SuperMarketDB
GO
/*----------检查是否存在触发器---------*/
IF EXISTS (SELECT * FROM sysobjects WHERE name='Tri_StockInfo_Update')
DROP TRIGGER Tri_StockInfo_Update
GO

/*---------在 StockInfo 上创建 UPDATE 触发器------*/
CREATE TRIGGER Tri_StockInfo_Update
ON StockInfo
```

```
FOR UPDATE
AS
  /*-----定义临时变量存放更新前后的库存量----*/
  DECLARE @BeforeStock int,@AfterStock int,@DiffStock int

  /*----从 deleted 表中获取更新前的库存值----*/
  SELECT @BeforeStock=StockAmount FROM deleted

  /*---从 inserted 表中获取更新后的库存值----*/
   SELECT @AfterStock=StockAmount FROM inserted

  SET @DiffStock=@BeforeStock-@AfterStock
  /*----判断用户交易数量是否大于 0，以此确定是对库存进行减操作---*/
  IF(@DiffStock>0)
  BEGIN
IF( @DiffStock>@BeforeStock )
     BEGIN
        /*-----------给出错误提示---------*/
        RAISERROR('交易数量大于库存数量，交易失败!',16,1)

        /*--------回滚事务，撤销操作---*/
        ROLLBACK TRANSACTION
     END
  END
GO

   /*---------测试触发器------------*/
SET NOCOUNT ON
 /*-------让交易数量大于库存量-----------*/
UPDATE StockInfo SET StockAmount=StockAmount-100 WHERE GoodsID=1
GO

/*------查看库存信息表的内容------*/
SELECT * FROM StockInfo
```

运行结果如图 7-5 所示。

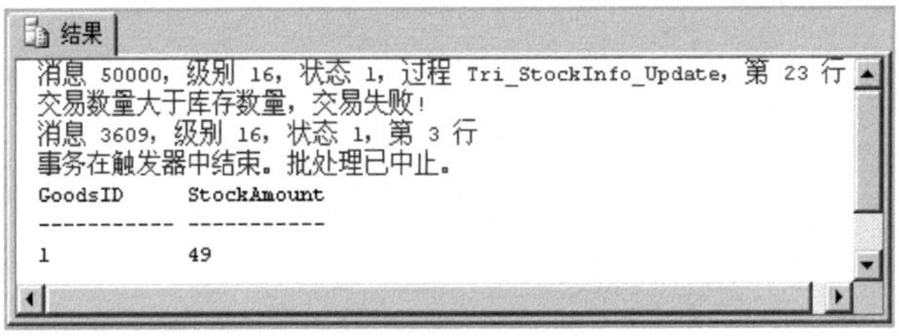

```
结果
消息 50000，级别 16，状态 1，过程 Tri_StockInfo_Update，第 23 行
交易数量大于库存数量，交易失败!
消息 3609，级别 16，状态 1，第 3 行
事务在触发器中结束。批处理已中止。
GoodsID     StockAmount
----------- -----------
1           49
```

图 7-5　UPDATE 触发器运行结果

可以看出当交易的数量大于库存量的时候，就会提示出错，并且对数据库的操作回滚。

在 UPDATE 类型的触发器中，有一种特殊的用法，称为列级触发器。可以用来检测用户是否对某些列进行了修改，如上述订单示例，在订单信息表中的订单日期，一般情况下是不允许用户进行修改的。我们可以利用列级触发器来实现该功能，其中会利用一个 UPDATE(列名)函数来判断。实现的 T-SQL 代码如下：

```
USE SuperMarketDB
GO
/*----------检查是否存在触发器---------*/
IF EXISTS (SELECT * FROM sysobjects WHERE name='Tri_OrderInfo_Update')
DROP TRIGGER Tri_OrderInfo_Update
GO

/*---------在 OrderInfo 上创建 UPDATE 触发器------*/
CREATE TRIGGER Tri_OrderInfo_Update
ON OrderInfo
  FOR UPDATE
   AS
   /*----------判断用户是否更新了订单时间列----*/
     IF(UPDATE(OrderDate))
     BEGIN
         RAISERROR('系统错误:订单时间不能修改!',16,1)

        /*--------事务回滚，撤销操作------*/
        ROLLBACK TRANSACTION
     END
GO

/*--------测试触发器--------*/
SET NOCOUNT ON

/*---更改订单时间为当前的系统时间----*/
UPDATE OrderInfo SET OrderDate=GETDATE() WHERE GoodsID=1
```

运行结果如图 7-6 所示。

```
结果
消息 50000，级别 16，状态 1，过程 Tri_OrderInfo_Update，第 11 行
系统错误:订单时间不能修改!
消息 3609，级别 16，状态 1，第 1 行
事务在触发器中结束。批处理已中止。
```

图 7-6　列级触发器运行结果

到现在为止，我们已经介绍了 AFTER 类型触发器的 3 种形式：INSERT、DELETE 和 UPDATE。这里面我们都用到了两张特别重要的逻辑表：inserted 表和 deleted 表。

利用触发器可以实现比较复杂的高级约束。

7.3.4　INSTEAD OF 类型触发器简介

前面讲过，常用的触发器分为 AFTER 触发器和 INSTEAD OF 触发器，下面就让我们重点来看一看如何在表上创建 INSTEAD OF 触发器，语法如下：

```
CREATE TRIGGER TRIGGER_NAME
ON TABLE_NAME
WITH ENCRYPTION
INSTEAD OF UPDATE.....
AS
T-SQL 语句
```

可以看到 INSTEAD OF 触发器与 AFTER 触发器的定义类似。

下面我们利用 INSTEAD OF 触发器的特性来做一个示例。

采用上述订单示例，假设现在的订单系统中，某个商品需要从商品信息表中删除，同时也要将该商品从库存信息表中删除。由于商品信息表和商品库存表之间有主外键关系，所以删除商品信息时，首先要在库存表中删除该商品，然后才能在商品信息表中删除该商品。如果能直接从商品信息表中删除该商品，自动地先删除该商品的库存信息的话，就很方便了。如何做到呢？我们可以利用 INSTEAD OF 触发器来实现这样的功能。T-SQL 语句如下：

```
USE SuperMarketDB
GO
/*----------检查是否存在触发器---------*/
IF EXISTS (SELECT * FROM sysobjects WHERE name='Tri_GoodsInfo_Delete')
DROP TRIGGER Tri_GoodsInfo_Delete
GO

/*----在 GoodsInfo 上创建 INSTEAD OF  类型的 DELETE 触发器------*/
CREATE TRIGGER Tri_GoodsInfo_Delete
ON GoodsInfo
  INSTEAD OF DELETE
   AS
   DECLARE @GoodsID int   --定义变量存储删掉的商品 ID
   SELECT   @GoodsID=GoodsID FROM deleted   --从 deleted 表中获取商品 ID 并赋值

   DELETE FROM StockInfo WHERE GoodsID=@GoodsID --先删掉库存信息表的内容
   DELETE FROM GoodsInfo WHERE GoodsID=@GoodsID --再删掉商品的信息
```

```
    PRINT '商品 ID 为：'+convert(varchar(5),@GoodsID)+'删除成功！'
GO

/*----------测试触发器------------*/
DELETE FROM GoodsInfo WHERE GoodsID=1
PRINT '商品信息表的内容为：'
SELECT * FROM GoodsInfo
```

执行后的结果如图 7-7 所示。

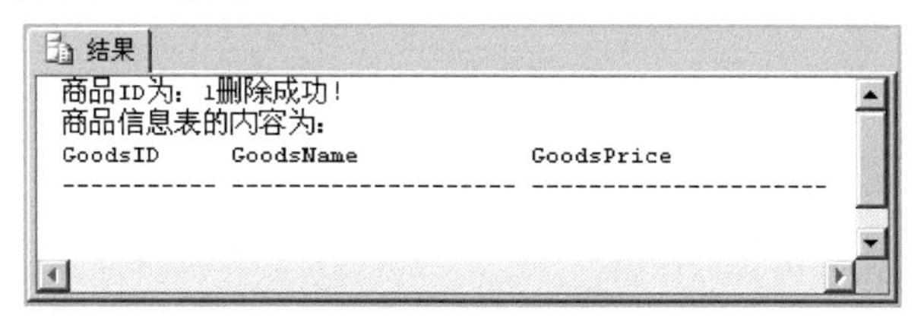

图 7-7 INSTEAD OF 触发器运行结果

可以看出，使用 INSTEAD OF 触发器后，可以直接删除主表中的数据，并且自动删除从表中的数据。通过 INSTEAD OF 触发器达到了级联更新的效果。

【单元小结】

- 触发器是对表进行插入、更新、删除操作时触发而自动执行的一种特殊类型的存储过程，主要用来实现复杂的业务约束。SQL Server 2012 中触发器分为 DML 触发器和 DDL 触发器。读者应主要掌握 DML 触发器。
- 使用触发器主要会利用到两张很重要的逻辑表：inserted 表和 deleted 表。这两张逻辑表由系统创建，并存在内存中，也称为虚拟表，是只读的，不可修改。当触发器执行完毕后，将会被删除。这两张表中存放了用户对表的操作数据，我们可以从中取出数据，并加以处理，以实现特定的业务需要。
- AFTER 触发器分为 INSERT、UPDATE、DELETE 3 种。

【单元自测】

1. 在 SQL Server 2012 中触发器分为哪两大类？(　　)

   A. DML 触发器　　B. UPDATE 触发器

   C. INSERT 触发器　　D. DDL 触发器

2. 下面说法正确的是(　　)。

   A. AFTER 触发器是属于 DDL 触发器的

   B. AFTER 触发器会在对表进行约束检查前触发

   C. INSTEAD OF 触发器和 AFTER 触发器的特性完全一样

D. AFTER 触发器是在对数据进行修改后触发的

3. 如果要创建 AFTER 触发器，下面括号中要填入的应当是(　　)。

```
CREATE TRIGGER TRIGGER_NAME
ON TABLE_NAME
(    )    UPDATE
AS
T-SQL 语句……
```

A. BEGIN　　　　B. IN　　　　C. FOR　　　　D. AFTER

4. 如果创建如下触发器：

```
CREATE TRIGGER TRIGGER_NAME
ON TABLE_NAME
FOR UPDATE，INSERT
AS
T-SQL 语句……
```

那么(　　)。

A. 语法检查时会报错

B. 执行时报错

C. 当对表进行 UPDATE 时会报错

D. 当对表进行 UPDATE 和 INSERT 时会触发执行

5. 以下关于 INSTEAD OF 触发器说法正确的是(　　)。

A. INSTEAD OF 触发器属于 DDL 触发器这一类

B. INSTEAD OF 触发器可以和引发该触发器操作的 INSERT、UPDATE、DELETE 语句一起，共同对表的数据产生影响

C. INSTEAD OF 触发器是替代引发该触发器操作的 INSERT、UPDATE、DELETE 语句，转而让系统执行该触发器内部的 T-SQL 代码

D. INSTEAD OF 触发器不能创建在视图上

【上机实战】

上机目标

- 掌握常见的触发器。
- 灵活运用触发器解决实际问题。

上机练习

◆ 第一阶段 ◆

练习 1：练习使用 INSERT 触发器

【问题描述】

理论部分的订单系统，现在要求当在商品信息表中插入一个商品信息时，会自动在库存信息表中插入该商品的库存信息，库存量初始就为 0。

【问题分析】

本题主要是利用 INSERT 触发器来构建一个逻辑，该触发器应当建立在商品信息表上。当该表做插入操作时，会自动在库存信息表中插入商品库存信息。

【参考步骤】

在查询窗口中输入以下代码:

```
USE SuperMarketDB
GO
/*--------检测触发器是否存在----*/
IF EXISTS (SELECT * FROM sysobjects WHERE name='Tri_GoodsInfo_Insert')
DROP TRIGGER Tri_GoodsInfo_Insert
GO
/*-----创建 INSERT  触发器--------*/
CREATE TRIGGER Tri_GoodsInfo_Insert
ON GoodsInfo
FOR INSERT
  AS
    DECLARE @GoodID int   --定义变量存储商品的编号
SELECT @GoodID = GoodsId FROM inserted
--从 inserted 逻辑表中取出插入的商品编号并赋值

    INSERT INTO StockInfo VALUES (@GoodID,0)   --插入库存表中，库存默认为 0
GO
/*-----测试数据-----*/
INSERT INTO GoodsInfo VALUES (2,'IBM T40  笔记本电脑',6500)
INSERT INTO GoodsInfo VALUES (3,'清华紫光 U 盘',80)
/*-----查看商品表和库存表----*/
```

```
SELECT * FROM GoodsInfo
SELECT * FROM StockInfo
```

运行上述代码，结果如图 7-8 所示。

```
结果

GoodsID     GoodsName            GoodsPrice
----------- -------------------- ---------------------
2           IBM T40 笔记本电脑         6500.00
3           清华紫光U盘                80.00

GoodsID     StockAmount
----------- -----------
2           0
3           0
```

图 7-8　代码结果

练习 2：练习使用 DELETE 触发器

【问题描述】

完善理论教材中 DELETE 的触发器，当删除订单信息表中的内容时，要检查以下删除的记录中有无一个月内的数据，如果有则不允许删除，给出错误提示，否则将删除的信息备份到备份表中。

【问题分析】

该题的基本解题思路与理论教材中的思路一致，但是多了一个关于订单日期的判断，如何判断删除的订单中有没有本月内的订单日期，可以使用 SQL Server 2012 中的日期函数 DATEDIFF()。具体用法可以参阅帮助文档，下面给出参考代码:

```
/*-------检测触发器是否存在-----------*/
IF EXISTS (SELECT * FROM sysobjects WHERE NAME='Tri_OrderInfo_Delete')
DROP TRIGGER Tri_OrderInfo_Delete
GO
/*---------在 OrderInfo 上创建 DELETE 触发器------*/
CREATE TRIGGER Tri_OrderInfo_Delete
ON OrderInfo
  FOR DELETE
   AS
     DECLARE @MaxDate datetime      ---定义变量存放删除记录中最大的订单时间
     SELECT @MaxDate =
          max(OrderDate) FROM deleted --从 deleted 逻辑表中找出订单时间最长的纪录赋值
     --利用 DATEDIFF()函数对最大时间和当前时间做比较
     IF(DATEDIFF(MONTH,@MaxDate,GETDATE())>1)
```

```
    BEGIN
        PRINT '备份中.....'
        /*--------检查备份表是否存在-------*/
        IF EXISTS (SELECT * FROM sysobjects WHERE name='BackupOrderInfo')
            INSERT INTO BackupOrderInfo SELECT * FROM deleted --如果存在，直接插入
        ELSE
            SELECT * INTO BackupOrderInfo FROM deleted --如果不存在，先创建再插入
        PRINT '备份数据成功!'
    END

/*------测试触发器--------*/
SET NOCOUNT ON --不显示 T-SQL 语句的影响记录行数

/*-----插入商品信息-----*/
INSERT INTO GoodsInfo VALUES (2,'IBM T40  笔记本电脑',6500)
INSERT INTO GoodsInfo VALUES (3,'清华紫光 U 盘',80)

/*----更新库存信息----*/
UPDATE StockInfo SET StockAmount=50 WHERE GoodsID=2
UPDATE StockInfo SET StockAmount=50 WHERE GoodsID=3

/*----插入订单信息----*/
INSERT INTO orderinfo VALUES(2,'IBM T40  笔记本电脑',2,'2006-11-25 09:23:49')
INSERT INTO orderinfo VALUES(3,'清华紫光 U 盘',3,DEFAULT)
/*---删除订单信息中一个月内的信息---*/
DELETE FROM OrderInfo
```

运行上述测试代码的结果如图 7-9 所示。

```
消息
消息 50000，级别 16，状态 1，过程 Tri_OrderInfo_Delete，第 24 行
不能删除一个月内的订单信息！
```

图 7-9 代码结果

可以看到，当删除的订单数据中无一个月内的数据时，会提示出错，并且删除的操作回滚。学员可以自己试试在 DELETE 语句后面加上 WHERE 条件删除一条一个月外的数据，看能不能正常删除。

◆ 第二阶段 ◆

练习 3：使用 INSERT 触发器

【问题描述】

假设有一个银行的系统 BankDB，有两张表：交易记录表(TransInfo)和账户信息表(AccountInfo)，结构分别如表 7-2 和表 7-3 所示。

表 7-2　TransInfo 表结构

字段名字	字段类型	备　注
CustID	Int	客户 ID
TransMoney	Money	交易金额
TransType	Varchar(10)	交易类型(存入、支取)
TransTime	datetime	交易时间(默认为当前时间)

表 7-3　AccountInfo 表结构

字段名字	字段类型	备　注
CustID	Int	客户 ID
CustName	Varchar(20)	客户姓名
CustMoney	Money	账户余额(必须>=1)

现在假设 AccountInfo 有两条账户信息：CustID=1 CustName='杨过'和 CustMoney=500。测试数据，请学员自己添加。

当在交易信息表中插入一条交易信息，如 INSERT INTO TransInfo(1，200，'支取'，GETDATE())时，能自动修改对应的该账户信息表(AccountInfo)中的账户余额。

【问题分析】

- 利用 T-SQL 语句 CREATE TABLE 创建以上两张表。注意添加相关的约束，如为 TransType 创建检查约束，限定取值范围为“存入”或“取出”。交易时间使用 GETDATE()函数将默认值设为当前值。
- 在 AccountInfo 中插入测试数据。
- 在 TransInfo 表上创建 INSERT 触发器。当往该表上插入交易信息时，自动修改对应的账户表中的该账户余额。
- 修改时，要根据交易类型(支取、存入)决定对账户余额减少还是增加。

练习 4：使用 UPDATE 列级触发器

【问题描述】

继续上面的问题，对于交易信息表(TransInfo)来说，交易日期一般是不能修改的。根据理论课中讲过的 UPDATE 列级触发器的用法，创建一个 UPDATE 触发器。当用户修改交易时间的时候，给出错误提示，并回滚事务，撤销操作。

【问题分析】

- 在 TransInfo 表上创建一个 UPDATE 触发器。
- 使用 UPDATE()函数检测用户是否修改了交易时间列。如果有，则给出错误提示，并且回滚。
- 测试触发器。写一条更新交易时间的 T-SQL 语句看能否给出错误提示，并撤销操作。

【拓展作业】

1. 完善上机练习部分：需要定期删除交易信息表的记录，删除的信息需要备份到备份表中。创建 DELETE 触发器实现该功能。

2. 修改上一题的触发器，假设现在要求删除的数据必须是 80 天以前的，如果删除的数据中有 80 天以内的，则拒绝删除，给出提示，撤销操作。

3. 假设用户的一次交易金额不能超过 5000 元(注意：该原则只是当用户支出操作的时候才生效，存入无限制)，超过了则要给出错误提示，并撤销操作(在 AccountInfo 表上创建 UPDATE 触发器)。

4. 模拟销户的过程，假设用户要销户，从AccountInfo表中删除该用户，并且要将用户的交易信息一并删除。

5. 模拟开户的过程，假设新用户要开户，向AccountInfo表中插入一条信息的同时要自动向 TransInfo 表中插入一条交易信息，交易金额为用户的账户余额。

单元 八

OOAD 和 UML 简介

课程目标

- ▶ 理解面向对象的分析和设计
- ▶ 理解建模的基本概念
- ▶ 理解统一建模语言
- ▶ 了解常用 UML 图
- ▶ 了解 UML 在软件过程中的应用
- ▶ 认识可视化建模工具 Rational XDE

简 介

如今，软件开发变得越来越复杂，软件系统是人类所创建的最复杂的系统之一。复杂的软件开发永远不会让人厌倦，它要求开发者具有创造性、准确性和快速学习的能力，以及能够了解并利用过程、方法、技术和工具等，可以正确处理开发中的问题。

高质量的软件开发变得越来越昂贵，从字母数字界面到事件驱动的图形用户界面的变化，多层客户/服务器体系结构的引入，分布式数据库，Internet 等，使得软件开发的复杂性大大增加了。

8.1 软件工程概述

软件工程概念的提出至今已经近 40 年了，但是客观地讲，软件工程目前还处于摸索发展阶段。

8.1.1 软件工程的发展史

1946 年，世界上第一台电子计算机在美国研制成功。20 世纪 50 年代，软件诞生。伴随计算机和软件出现的还有软件从业人员，这些人多数是数学家和电子工程师。

在计算机发展初期，计算机通常只执行一个单一的、为某个特定目的编写的程序，这使得早期软件的通用性非常有限。大多数的软件早期都是由使用者自己编写的，往往带有很强的个人色彩。早期的软件开发也没有系统的方法可以遵循，开发者只是在大脑中构思一个大体的流程，除了源代码以外没有任何文档。

从 20 世纪 60 年代到 70 年代中期，软件业进入了一个发展的时期。这一时期软件作为一种产品开始被广泛使用，同时出现了所谓的软件公司。这一时期的软件开发方法仍然沿用早期的自由软件开发方式，但是随着软件规模的急剧膨胀，软件的需求日趋复杂，维护难度也越来越大，开发成本以指数级的速度增长，失败的软件项目比比皆是，这就是所谓的“软件危机”。

概括来说，软件危机包含了以下两个方面：

- 如何开发软件，以满足不断增长的、日趋复杂的要求。
- 如何维护规模不断庞大的软件产品。

“软件危机”的出现使得人们开始对软件开发的方法进行重新审视和研究。人们认识到，优秀的程序除了功能正确、性能优良之外，还应该易读、易用、易于维护。而早期的所谓优秀的程序常常通篇充满了程序员的编程技巧，别人很难看懂。

1986 年，北大西洋公约组织的科技委员会召集了近 50 名一流的程序员、计算机科学家，以及工业界人士在德国召开了一次以讨论和制定摆脱“软件危机”为主题的国际学术会议，会议上第一次提出了软件工程(Software Engineering)的概念。

软件工程是一门建立在系统化、规范化、数量化等工程原则和方法上的，关于软件开发各阶段的定义、任务和作用的工程学科。软件工程包括两方面内容：软件开发技术和软件项目管理。软件开发技术包括软件开发方法学、软件工程和软件工程环境；软件项目管理包括软件度量、项目估算、进度控制、人员组织、配置管理和项目计划等。

8.1.2　现代软件工程

软件开发中包含了物和人的因素，存在着很大的不确定性，这就使得软件工程不可能像理想的、可以基于物理学等原理来做的物质生产过程那样。最初的软件开发只考虑到了人的因素，而传统的软件工程又过分强调物的因素，现代软件工程则最重视人与物的关系，即人和机器(工具、自动化)在不同层次上、不断循环发展的关系。

基于面向对象的分析、设计方法的出现使得软件的开发方法发生了翻天覆地的变化。随之而来的是面向对象的建模语言、软件复用、基于组件的软件开发、设计模式等新的方法和领域。软件工程进入了一个新的发展阶段。

本书将对面向对象的分析和设计方法展开详细深入的讲解。

8.2　面向对象的基本概念

8.2.1　面向对象

什么是面向对象(Object Oriented，OO)？很多初学者都会问这个问题，软件工程学家 Coad 和 Yourdon 曾给出一个简单的定义：面向对象＝对象＋类＋继承＋通信。如果一个软件系统使用上述 4 个概念设计并加以实现，则认为这个系统是面向对象的。

面向对象技术的基本观点可以概括为如下几点。

- 客观世界由对象组成，任何客观实体都是对象，复杂对象可由简单对象组成。
- 具有相同数据和操作的对象可以归纳为类，对象是类的一个实例。
- 类可以派生出子类，子类除了继承父类的全部特性外还可以有自己的特性。

- 对象之间的联系通过消息传递维系。由于类的封装性，它具有某些对外界不可见的数据，这些数据只能通过消息请求调用可见方法来访问。

面向对象方法的基本出发点就是尽可能地按照人类认识世界的方法和思维方式来分析和解决问题，使人们分析、设计一个系统的方法尽可能接近认识一个系统的方法。面向对象的几个核心元素包括对象、封装、消息、类、继承、多态性、结构与连接等。

8.2.2 面向对象编程

面向对象编程(Object Oriented Programming，OOP)是一种程序设计模式。面向对象编程的概念是：计算机编程由一组称为对象的个体单元组成，这些对象与现实世界的元素紧密相关和对应，确定的对象之间可以相互发送和接收消息，并能够维护控制流程。这与程序是一系列指令的传统观念相反。

面向对象编程具有更大的灵活性，软件的维护成本少。软件工程的基本原理中广泛采用了这种概念。OOP 是一种更易于理解、使软件开发和维护变得更简单的方法。与其他编程模型相比，这种概念有助于直接分析和理解复杂的需求。

8.2.3 分析与设计

在软件开发的分析阶段，开发人员没有考虑技术问题而是从他们自己的角度理解问题。分析的目的是解答以下问题：要解决问题，必须完成哪些工作？换句话说，到底要做什么？

分析是对系统执行的各种操作和该系统内外的各种关系进行详细研究。在分析过程中，收集可用文件、决策点和当前系统处理的事务方面的数据，分析产生系统完成任务的详细说明，其目的是为系统的输入和输出结果及两者之间的关系提供清晰的定义，并形成分析文件。所有过程和需求都必须经过分析，并以详细的需求分析文档归档。

设计阶段是软件开发中最具挑战性和创造性的阶段。该阶段将分析的结果扩展为一个技术解决方案。设计阶段必须解答以下问题：应该使用哪些技术？应如何解决问题？换句话说，到底要如何做？

系统的设计必须基于用户需求和系统的分析结果，它是系统开发中的一个重要阶段，通常设计分为两个阶段进行：初步或总体设计、详细设计。

初步或总体设计中指定新系统的功能，并评估实现这些功能的成本和从中产生的益处，若视为可行，则进入详细设计阶段。

在详细设计阶段，需要设计各种算法，详细设计决定了采用的编程语言和新系统将运行的平台。

8.2.4　面向对象的分析与设计

面向对象的分析与设计是指利用面向对象的理念进行软件的分析与设计。

软件架构设计师面临的一个基本挑战是软件的变更。开发可维护性高的软件系统的需求使人们对软件开发和设计的方法产生了兴趣。随着时间的推移，面向对象的技术已被证实为设计和实现大规模系统最有前途、最有效的方式之一。在对象情形中分析和设计编程问题有助于将问题与现实世界关联，并在现实世界的帮助下使解决同一个问题的方法多样化。

正如面向对象技术的支持者所言，面向对象技术的主要益处之一在于能够重用组件。只要能为产品重用现有组件，就能获得多余的时间来处理应用程序中的其他方面，也就可以更快速地交付应用程序。面向对象带来的益处如下：

- 按照现实世界对象的方式理解问题。
- 支持抽象、封装和泛化，有助于处理复杂的软件系统和实现重用。
- 分析和设计术语与工具之间没有真正的差别，方便开发人员之间的沟通。

对比传统编程与面向对象方式编程中系统分析的定义，两者之间的关键区别是以对象和类的方法代替过程和函数的概念。

8.2.5　面向对象的分析

面向对象的分析(Object Oriented Analysis，OOA)，是指利用面向对象的概念和方法为软件需求建造模型，以使用户需求逐步明确化、一致化、完全化的过程。

面向对象的方法按照人类的自然思维的方式，面对客观世界建立软件模型，充分体现了对复杂系统进行分解、抽象、模块化等思想。

以计算机销售为例，分析阶段将确定的各个对象包括：

- 客户。
- 推销员。
- 订单。
- 计算机。

分析阶段还必须确定这些对象的相关特征、交互方式及相互之间的关系。

我们还可以设想在计算机上运行系统来实现操作的情形。以计算机处理交易为例，考虑交易过程及与之相关的各种交互：

- 推销员给客户讲解各种型号的计算机及配置。
- 客户选中某台配置的计算机。
- 客户下订单。
- 客户支付款项。

- 将计算机交付给客户。

这种现实世界与计算机化的系统之间的对应关系，就是面向对象的分析所提供的优势。

8.2.6　面向对象的设计

面向对象的设计(Object Oriented Design，OOD)，是把分析阶段得到的需求转变成符合成本和质量要求的、抽象的系统实现方案的过程。

OOD 的目的是使 OOA 阶段的结果运用于非功能性需求，实现环境和性能需求等方面的约束，着眼于OOA 的技术细化，其侧重点是在确保满足全部需求的同时，优化所提供的解决方案。

在 OOD 阶段，软件设计人员定义一个类或几个类的职责、操作属性和关系，同时还要进行数据库设计，应用规范化的方法，另外，还要设计用户界面。

8.2.7　OOA 与 OOD 的关系

在 OOA 中，问题的形成依照的是真实世界中的对应对象。此外，要对系统进行适当的定义，确保不是程序员的用户也能够理解对系统的描述。也就是说，面向对象的分析侧重点是依照真实世界中的对象来表达问题。

在OOD 中，对于给定的问题，我们需要将真实生活中的对象对应到设计中，从而使设计的结果尽可能接近于真实世界中的情况。设计中以自然的方式描述实体，这种方式与对象在真实世界中的存在方式相同。

8.2.8　OOAD 的优点

面向对象开发的方法被视为软件工程基本原理中的一次飞跃。面向对象的分析和设计方法已成为主流的软件开发方法。这种方法可配合更快的开发方式，能够显著缩短系统分析和开发所需要的时间。其优点如下：

- 面向对象的分析和设计有助于处理软件开发的复杂性，帮助生成可维护性高的软件系统。
- 面向对象的方法可以用应用程序领域的术语和概念来完成分析、设计和实现的过程，因此在实现的结果和实际问题之间存在一种很接近的匹配关系。
- 面向对象的方法可促进对象的重用，从长远来看这是一个非常重要的优点，可以大大降低开发成本。
- 由于对象的重用成为可能，由此可减少错误和维护问题，因为被重用的对象已经被测试和试用了。

- 对象的重用加速了设计和开发的过程和效率。
- 面向对象的方法与我们所认知世界的方式相符，因此这是我们自然的思考方式。
- 面向对象的方法可强化数据封装，有助于解决一些与数据有关的开发和维护问题，如数据封装技术可防止恶意代码导致的数据损坏。
- 面向对象的系统具有模块化设计的自然结构，如对象、子系统、框架等，更易于维护。

8.3 软件模型

在软件界有一条真理：一个开发团队首要关注的不应该是漂亮的文档、世界级的会议、响亮的口号或者华丽的源代码，而是如何满足用户和项目的需求。

为了保证软件满足要求，开发团队必须深入使用者中了解系统的真实需求；为了开发具有持久质量保证的软件，开发团队必须建立一个富有弹性的、稳固的结构基础；为了快速、高效地开发软件并使无用和重复开发最小化，开发团队必须具有精干的开发人员、正确的开发工具和合适的开发重点。为了实现以上要求，在对系统生存周期正确估计的基础上，开发团队必须具有能够适应商业和技术需求变化的、健全的开发步骤。

构建软件模型是所有建造优质软件活动中的中心环节。

8.3.1 建模的重要性

如果你想给自己的爱犬盖一个窝，开始的时候你的手头有一堆木材、一些钉子、一把锤子、一把木锯和一把尺子。在开工之前只要稍微计划一下，你就可以在几个小时之内，在没有任何人帮助的情况下盖好一个狗窝。只要它容得下你的爱犬、能挡风遮雨就可以了。

如果你想建一座房子，开始的时候你的手头也有一堆木材、一些钉子和一些基本的工具，但是这将要占用你很长的时间，因为建造一所房子的要求肯定要比建造一个狗窝高出很多。在这种情况下，除非你长期从事这项工作，否则最好在打地基之前好好规划一下。首先，要对将要建造的房子设计一幅草图。如果想建造一座满足家庭需要的高质量的房屋，你需要画几张蓝图，考虑各个房间的用途及照明取暖设备的布局等。做好以上工作以后，你就可以对工时和工料做出合理的估计。尽管以人的能力可以独自盖一座房子，但是你会发现同其他人合作会更有效率，这包括请人帮忙或者买些半成品材料。只要坚持你的计划并且不超过时间和财力的限制，你的建造计划就成功了一半。

如果你想建造一栋高档写字楼，那么刚刚开始就准备好材料和工具是无比愚蠢的行为，因为你可能正在使用其他人的钱，而这些人将决定建筑物的大小、形状和外观样式。通常情况下，投资人甚至会在开工以后改变他们的想法，你需要做额外的计划，因为失败的代价是巨大的。你的团队有可能只是很多工作组之一，所以你的团队需要各种各样的图纸和模型同其他小组进行沟通。只要人员、工具配置得当，按照计划实施，你肯定会交付令人满意的工作。如果想在建筑行业长久地干下去，你不得不在客户的需求和实际的建筑技术之间找到好的契合点。

构造模型是为了能够更好地理解将要开发的系统。建模有助于达到如下重要目的：

- 模型有助于按需求构建或开发系统。
- 模型有助于指定系统的结构和行为。
- 模型可提供用于指导系统构建的模板。
- 模型可记录已经做出的决策。
- 模型有助于实现系统更改而增强功能并得到认可。

建模不仅仅是建筑业的一个组成部分，如果事先没有建立模型(从计算机模型到物理风洞模型再到实物同样大小的原型)，很难想象我们能够制造出一架新的飞机或者汽车。从微处理器到电话交换系统，这些新的电气设备都需要某种程度的建模，这样才能使我们更好地理解系统，并且与他人交流对系统的看法。在社会学、经济学和工商管理领域，人们建模是为了以最低的风险和成本检验理论或者对新理论进行论证。同样，在软件行业，也需要建模。

8.3.2 软件的建模

许多软件开发组织总是像建造狗窝一样进行软件开发，而且他们还妄图开发出高质量的软件产品。这样的开发模式或许有些时候会奏效，有时候还可能开发出令用户赞叹的软件。但是，通常情况下都会失败。

如果你像盖房子或者盖写字楼一样开发软件，问题就不仅仅是写代码，而是怎样写正确的代码和怎样少写代码。这就使得高质量的软件开发变成了一个结构、过程和工具相结合的问题。所以说，如果没有对结构、过程和工具加以考虑，所造成的损失是惨重的。每个失败的软件项目都有其特殊原因，但是成功的项目在许多方面是相似的。软件组织获得成功的因素很多，但是一个基本的因素就是对模型的使用。

8.3.3 模型的实质

模型究竟是什么？简而言之，模型是对现实的简化。

模型提供系统的蓝图，既包含设计细节，也包含对系统的总体设计。一个好的模型包含重要的因素，而忽略不相干的细节。每一个系统可以从不同的方面使用不同模型来进行描述，因此每个模型都是对系统从语义上近似的抽象。

8.3.4　建模

模型是现实的简化，是真实系统的缩影，它提供了系统的设计蓝图。模型可以包含详细的规划，也可以包含概括的规划，这种规划高度概括了正在考虑的系统。好的模型包含具有高度抽象性的元素。每个系统都可以使用不同的模型、从不同的方面来描述，因此每个模型从语义上来说都是系统的封闭抽象。模型可以是结构性的，强调系统的组织；也可以是行为性的，强调系统的动态行为。

软件系统的模型可以协助开发人员审视、交流并校验系统，软件模型业可以帮助一个软件开发小组组织和协调他们的工作。

与组成最终系统的代码和组件相比，系统的模型简单得多，也更容易理解。通常一个软件系统的模型需要从不同的视角来描述。为软件系统建模时，需要采用通用的符号语言，这种描述模型所使用的语言称为建模语言。

8.3.5　建模的目标

构建模型可以帮助开发者更好地了解正在开发的系统。通过建模，要实现以下 4 个目标：

- 便于开发人员展示系统。
- 允许开发人员指定系统的结构或行为。
- 提供指导开发人员构造系统的模板。
- 记录开发人员的决策。

建模不是复杂系统的专利，小的软件开发也可以从建模中获益。但是越庞大的项目，建模的重要性越大。开发人员之所以在复杂的项目中建立模型，是因为没有模型的帮助，他们不可能完全理解项目。

通过建模，人们可以每次将注意力集中在一点，这使得问题变得容易。这就是 Edsger Dijkstra 提出的“分而治之”的方法：通过将问题分割成一系列可以解决的、较小的问题来解决复杂的问题。

8.3.6　建模四原则

在工程学科中，对模型的使用有着悠久的历史，人们总结出了 4 条基本的建模原则。

(1) 选择建立什么样的模型对如何发现和解决问题具有重要的影响。换句话说，就是认真选择模型。正确的模型有助于提高开发者的洞察力，指导开发者找到主要问题；而错误的模型会误导开发者将注意力集中在不相关的问题上。

(2) 每个模型可以有多种表达方式。假设你正在建一栋高楼，有时需要一张俯视图，以便使参观者有一个直观的印象；有时又需要认真考虑最底层的设计，如铺设自来水管或者电线。相同的情况也会在软件模型中出现，有时需要一个快速简单的、可实行的用户接口模型；其他时候又不得不进入底层与二进制数据打交道。无论如何，使用者的身份和使用的原因是评判模型好坏的关键。分析者和最终的用户关心“是什么”，而开发者关心“做什么”。所有的参与者都在不同的时期、从不同的层次了解了系统。

(3) 最好的模型总能够切合实际。一栋高楼的物理模型如果只有有限的几个数据，那么它不可能真实地反映现实的建筑；一架飞机的数学模型如果只考虑理想的飞行条件和良好的制造技术，那么很可能掩盖真实飞行中的致命缺陷。避免以上情况的最好办法就是让模型与现实紧密联系。所有的模型都是简化的现实，关键的问题是必须保证简化过程不会掩盖任何重要的细节。

(4) 孤立的模型是不完整的。任何好的系统都是由一些几乎独立的模型拼凑出来的。就像建造房子一样，没有一张设计图可以包含所有的细节，但至少楼层平面图、电线设计图、取暖设备设计图和管道设计图都是需要的。而这里所说的“几乎独立”是指每个模型可以分开来建立和研究，但是它们之间依然相互联系，如电线设计图可以独立存在，但是在楼层平面图甚至是管道图中仍然可以看到电线的存在。

8.3.7 建模语言

对比项目的复杂度会发现，越简单的项目，使用规范建模的可能性越小。实际上，即便是最小的项目，开发人员也要建立模型，虽然说很不规范。开发者可以在一块黑板或者一小片纸上概略性地描述系统的某个部分，团队可以使用 CRC(类－责任－协作者模型)卡片来验证设计的可行性。这些模型本身没有任何错误，只要有就尽可能地使用。但是这种不正规的模型通常情况下很难被其他开发者识别和共享，因为太有个性色彩了。正因为这样，通用建模语言的存在成为必然。

每个项目可以从建模中受益。甚至在自由软件领域，模型可以帮助开发小组更好地规划系统设计，更快地开发。所有受人关注的、有用的系统都会随着时间的推移有越来越复杂的趋势。如果不建立模型，那么失败的可能性就和项目的复杂度成正比。

8.3.8 面向对象的建模

面向对象的建模方法是通过应用面向对象的模式，分析、设计和实现规划中的系统的方法。面向对象建模方法包含为成功实现系统而重复执行的 4 个阶段。具体如下。

- 分析：对象、功能和动态模型是本阶段的结果。
- 系统设计：系统的基本架构和高级设计是期望的系统输出。

- 对象设计：详细说明系统中不同对象的设计文档，以及会影响对象的静态、动态和功能模型。
- 实现：可扩展、可重用和健全的代码是本阶段的输出。

在软件中有几种建模方式，其中最常见的两种方式是从算法角度和从面向对象角度。软件开发的传统视图采用了算法角度，在这种方法中，软件的所有主要构件块都是过程和函数，这种视图使开发人员侧重于控制问题，以及将大问题分解为更小的问题。但是随着需求和系统的增长，以算法为重点构建的系统会变得很难维护。

目前，软件开发的视图基于面向对象的角度。在这种方法中，所有软件系统的主要构件都是对象和类。简单地说，对象是通常从问题空间或解决方案空间的专有词汇提取出来的；而类则是一组公用对象的描述。每个对象都有标识、状态和行为。

通过面向对象的方法进行软件开发已经成为主流，这是因为我们已经证明这种方法对构建各种问题领域、各种规模的复杂程度的系统很有价值。此外，目前大多数语言、操作系统和工具从某种方面来说都是面向对象的，这就使我们更加有理由从对象这一视角来看待真实世界。

对面向对象的系统进行可视化、规格说明、构建和文档化正是接下来要介绍的统一建模语言的目的。

8.4　统一建模语言

统一建模语言(Unified Modeling Language，UML)是一种绘制软件蓝图的标准语言，UML 是最广泛使用的面向对象系统的标准建模方法，可以用 UML 对系统进行可视化、详述、构造和文档化等操作。从企业信息系统到基于 Web 的分布式应用，甚至实时嵌入式系统都适合于采用 UML 来建模。它是一种富有表达力的语言，可以描述开发所需的各种视图，然后以此为基础开发系统。

8.4.1　UML 发展史

面向对象的概念可以追溯到 30 多年前，面向对象编程语言的开发也大约在此时开始。虽然不断有关于面向对象编程的图书出版，但是关于面向对象分析和设计方法的第一批书却是在 20 世纪 90 年代初才出现的。

在 20 世纪 90 年代初，Grady Booch 和 James Rumbaugh 设计的方法成为至今为止最受欢迎的面向对象分析设计方法。Rumbaugh 的方法是更面向结构的，Booch 的方法覆盖了商业和技术领域。在 1995 年，Booch 和 Rumbaugh 开始第一次把他们的方法用一个共同符号的形式组合在一起，以创建“统一的方法”(UML)。很快这就被更名为“统一建模语言”，这是一个更贴切的名字，因为它本质上是标准化图形表示和建模元素语义的问题，而不是描述一个特殊的方法。建模语言本质上是一个表示符号的特定风格方式。

后来不久，Ivar Jacobson 带着他的用例(Use Case)加入了进来，此后这三人成为朋友。因为 Booch、Rumbaugh 和 Jacobson 的方法是如此受欢迎且占据了一个相当大的市场份额，他们对 UML 的集成形成了一个标准，所以后来他们三人被称为“UML 三剑客”。

在 1997 年，UML 版本 1.1 被提交给对象管理组织(Object Management Group，OMG)进行标准化工作，并被接受。版本 1.2、1.3 和 1.4 包含了一些修正。版本 2.0 目前已由 OMG 制定并发布。UML 版本的发展史如图 8-1 所示，在http://www.omg.org/uml上可以找到最新的信息。

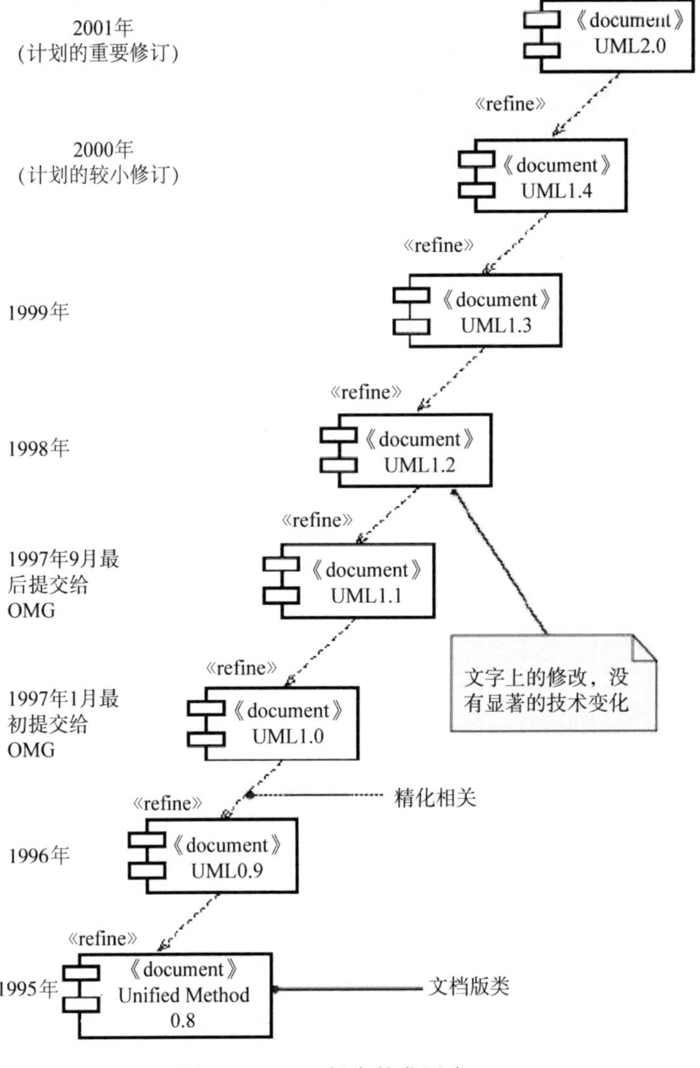

图 8-1　UML 版本的发展史

UML 已发展成为软件行业的重要技术标准，下面是一些对 UML 开发做出过贡献并促进其发展的公司：

- Hewlett-Packard
- Microsoft
- Oracle
- IBM
- Rational
- Texas Instruments
- Unisys
- MCI Systemhouse
- Logix
- Intellicorp
- ICON Computing

UML 是整个 IT 行业一起合作为面向对象的建模确定标准的结果。从以上所列的部分公司可以看出，业界的软件和硬件巨头都为开发此标准做出了贡献。但此标准具体化的过程仍然没有结束，沿着这一方向的工作仍在持续进行。

8.4.2　UML 图

UML 是帮助可视化、构建和记录开发中的软件系统的建模语言，其功能和特点包括：

- 图形符号可展示和表达系统的概况和观念。
- 为规划中的系统精密且明确地建模。
- 使用 UML 构建的模型与语言无关，可以使用任何面向对象的语言编程。
- 帮助完成从软件项目开始到交付过程的所有文档。

在建立系统的可视化模型时，需要许多不同的图表来表示系统的不同视角。UML 为模型可视化提供了一套丰富的表示法，其中包括下列关键图表。

- 说明用户与系统交互的用例图。
- 说明逻辑结构的类图。
- 说明对象信息的对象图。
- 说明对象状态变迁的状态图。
- 说明行为的时序图和协作图。
- 说明用例中事件流的活动图。
- 说明软件物理结构的组件图。
- 显示软件与硬件配置的部署图。

通常我们需要从多个方面描述软件系统，如功能方面、非功能方面和组织方面等。为了描述这些方面的信息，我们需要多种不同的视图。视图是由各个图表构成的系统的不同方面的抽象。可以从静态和动态两种表现形式来看一个系统，因此，在 UML 中存在两种类型的视图：静态视图和动态视图。从静态表现形式来看系统时，对应的视图称为静态视图，构成静态视图的图表代表系统的结构；从动态表现形式来看系统时，对应的视图称为动态视图，构成动态视图的图表代表系统的行为模式。

接下来我们举例讲解 UML 中的几种典型的常用视图。

1. 用例图

系统的需求借助不同的用例来描述。用例指系统中的事务序列，其中的每个事务是从系统外部调用的，需要与内部对象协作，以便在对象与系统之间创建关联，如图 8-2 所示。

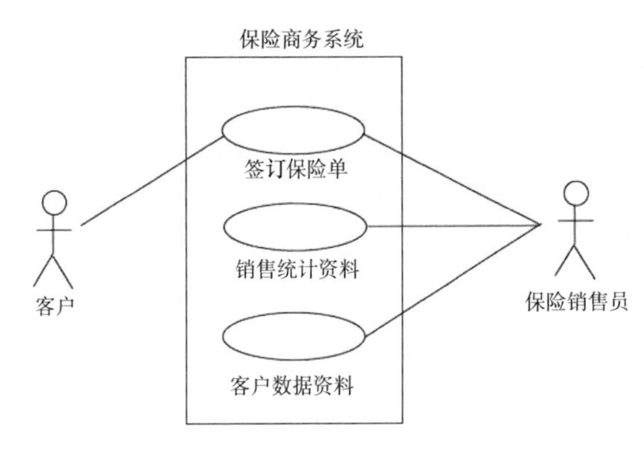

图 8-2　用例图示例

图 8-2 中的用例图系统阐明了执行者与系统之间的关系：客户签订保险单，销售员统计客户资料等。

2. 类图

类图是系统的静态结构，也就是类及这些类之间存在的关系。

3. 状态图

状态实际上是一组值，它描述在具体时间由状态符号展示的对象。状态图显示某个对象在其生命周期中响应外部事件或信息后所经历的状态的变迁顺序。状态图展示方法执行的状态，图中的活动展示对象执行的方法。状态图的目的是理解执行方法时涉及的算法。

4. 活动图

活动图的目的是展示流程，以及用例或其他类内部发生的操作流程。活动图不适用于描述类中方法的实现。

5. 时序图

时序图是通过展示系统与其环境之间的交互，描述系统行为的简单而直观的方法。时序图显示对象按时间顺序排列的交互过程。它非常简单且具有直接的视觉吸引力，是描述整个系统执行的首选方法。

6. 协作图

协作图展示特定环境和交互中一系列关联的对象之间的相互调用。它是为达到所需的输出结果而相互协作的对象之间交换的信息。协作图与时序图可以相互转换。

8.5　UML 在软件过程中的应用

8.5.1　用例驱动

进行一个大型面向对象项目时，我们一般从收集需求和用例技术开始，然后分析和设计类图技术，最后主要的工作是编写代码。过程的每个小步骤都是迭代的，但总体来看又遵循需求、分析、设计和编码这几个主要步骤。由于 UML 包含了对系统功能的描述，所以它们影响了所有的阶段和视图。如图 8-3 所示，用例把需求、分析、设计、实现和测试这些工作流程绑定在一起。

在分析阶段，使用用例来描述所要求的功能，并由客户确定这些功能；在设计和实现阶段，必须实现用例；最后，在测试阶段，由用例对系统进行验证。它们是测试用例的基础。

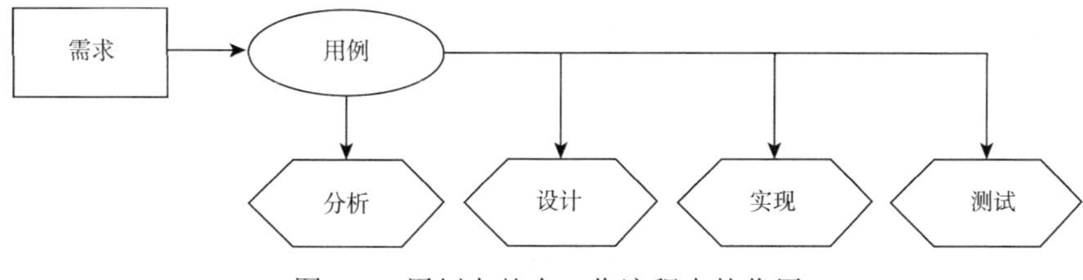

图 8-3　用例在整个工作流程中的作用

8.5.2　UML 对迭代开发过程的支持

图 8-4 中表示了 UML 主要的图之间的关系，箭头表示输入关系。该图从更深一层表明了面向对象建模的基础，UML 不同模型之间的关系反映了面向对象建模的迭代特性。

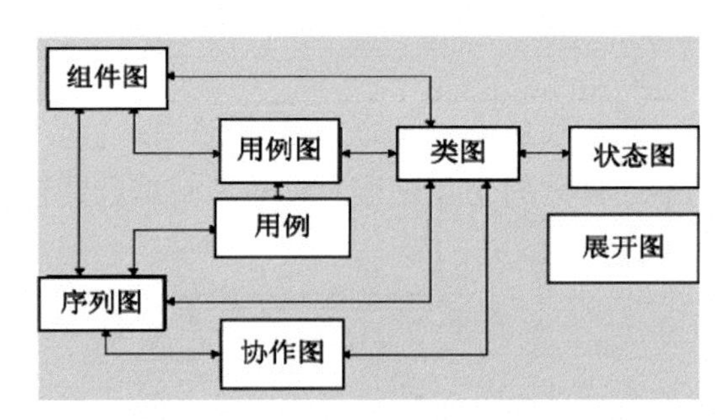

图 8-4　UML 主要的图之间的关系

图 8-5 显示了另一种略微不同的构造过程，即一种顺序的过程。其中，矩形之间的线代表“由……建档”关系，如状态图是用来为类图建档的，代码是用来为类图中的类建档的。

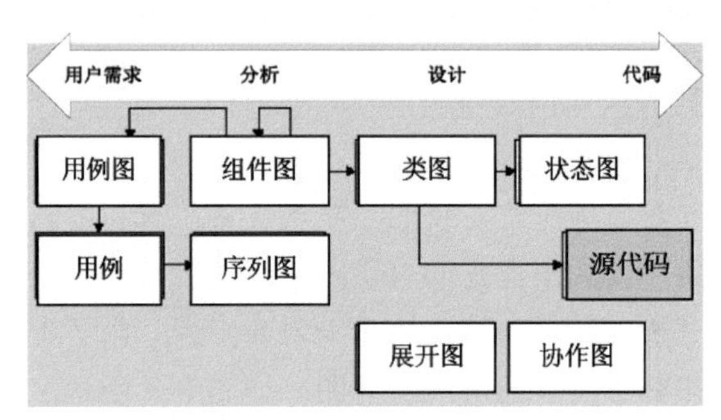

图 8-5　不同的构造过程

图 8-4 和图 8-5 显示了面向对象建模的一个性质：从大的角度来看是一个顺序的过程，从小的角度来看则是一个迭代的过程。

8.5.3　UML 图与工作流程和模型之间的关系

模型是对系统架构进行可视化、指定、构造和编制文档的手段和工具。在开发过程中的每个工作流程都有相应的模型来描述，对应每个流程可以有一个或多个模型。而这些模型就是用 UML 的图来表达的，UML 图为模型提供的视图，如图 8-6 所示。

每个模型都是用一种或多种 UML 图来描述的，它们之间的对应关系如下。

- 用例模型。用用例图、顺序图、协作图、状态图和活动图描述。
- 分析模型。用类图和对象图(包括子系统和包)、顺序图、协作图、状态图和活动图描述。
- 设计模型。用类图和对象图(包括子系统和包)、顺序图、协作图、状态图和活动图描述。
- 开发模型。可用展开图(包括活动类和组件)、顺序图、协作图描述。
- 实现模型。可用组件图、顺序图和协作图描述。

● 测试模型。测试模型引用了所有其他模型，所以它使用它们对应的所有图。

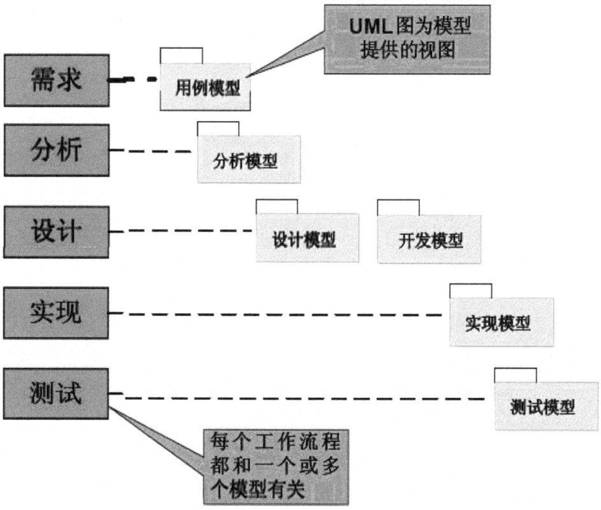

需求 用例模型 UML图为模型提供的视图
分析 分析模型
设计 设计模型 开发模型
实现 实现模型
测试 测试模型
每个工作流程都和一个或多个模型有关

图 8-6　UML 图为模型提供的视图

8.6　可视化建模工具——Rational XDE

IBM Rational XDE 是一种完整的可视化设计和开发环境，使用户能够在一种集成的环境下工作，因此避免了在多种不同的非集成工具之间切换。

Rational XDE 能够帮助用户以更快的速度编写更好的代码，它包含有独特的代码模板和模式功能，允许代码级和模型级重用，以加快应用开发。它还具备特殊的“辅助建模”功能，使开发人员可以用已经在其 IDE 及语言中熟练掌握的术语来创建和编辑 UML 模型。

Rational XDE 分为 for .NET 和 for Java 两个版本，本书将采用 Rational XDE for.NET 来进行演示和讲解，两个版本 XDE 的使用方法相同，只是与不同的 IDE 相集成。

安装 Visual Studio .NET 后，需要安装 Rational XDE for .NET，它会自动嵌入微软的 Visual Studio .NET 集成开发环境中。

操作步骤如下。

(1) 打开 Visual Studio .NET，新建一个项目，在“新建项目”对话框中选择 Rational XDE Modeling Projects，然后在右侧选择 Empty Project，并在下方输入项目名称及保存路径，如图 8-7 所示。

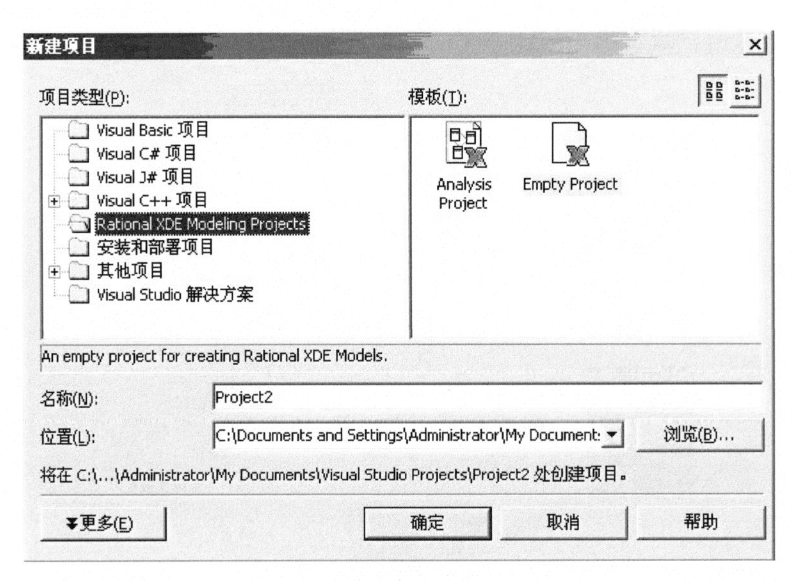

图 8-7 “新建项目”对话框

(2) 创建项目后，在“解决方案管理器”列表窗口中右击上一步创建的项目，在右键菜单中选择“添加”→“添加新项”选项，如图 8-8 所示。

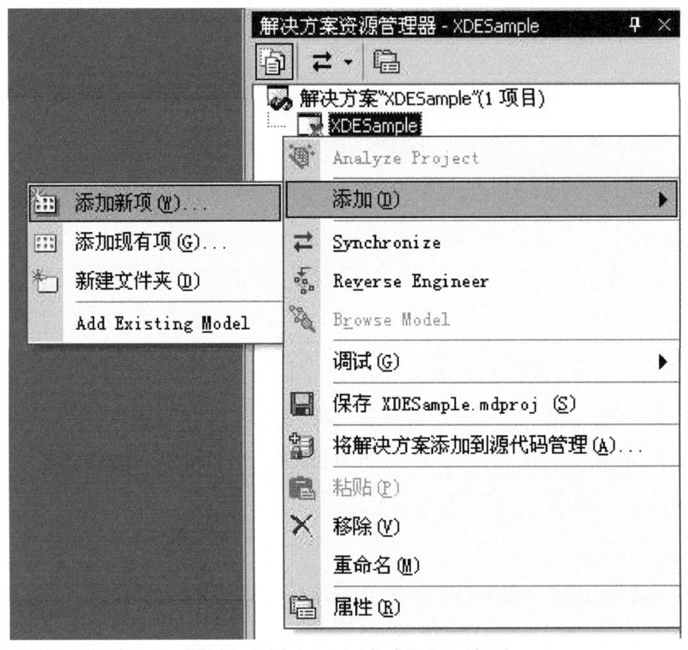

图 8-8 选择“添加新项”选项

(3) 在“添加新项”对话框中选择 Rational XDE，然后在右侧选择 Blank Model，创建一个模型文件，并给文件命名，如图 8-9 所示。

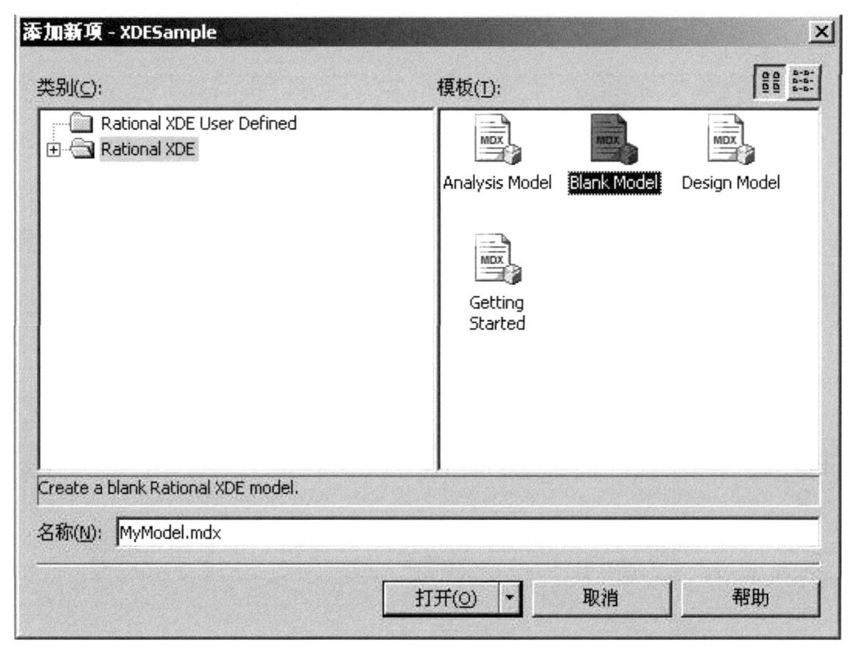

图 8-9　为文件命名

(4) 进入 XDE 主窗体，如图 8-10 所示。

图 8-10　XDE 主窗体

(5) 从工具箱中拖曳各种符号进行 UML 图的绘制。

【单元小结】

- 面向对象的分析与设计是指利用面向对象的理念进行软件的分析与设计。
- 模型是对现实的简化。模型提供系统的蓝图，包含设计细节，也包含对系统的总体设计。
- UML 是最广泛使用的面向对象系统的标准建模方法。
- 在软件开发的各个阶段都需要使用 UML 的各种图来构建模型。
- Rational XDE 是与 IDE 相集成的可视化建模工具。

【单元自测】

1. 在系统的(　　)阶段需要从技术角度去考虑如何实现系统的功能。
   A. 分析　　B. 设计　　C. 编码　　D. 测试
2. 下列对于模型的描述，不正确的是(　　)。
   A. 有助于按设计构建或开发系统　　B. 有助于指定系统的结构和行为
   C. 可提供用于指导系统构建的模板　　D. 可记录已经做出的决策
3. 目前 UML 已发展到(　　)版本。
   A. 1.0　　B. 1.1　　C. 1.4　　D. 2.0
4. (　　)用来描述类以及类之间的关系。
   A. 用例图　　B. 类图　　C. 状态图　　D. 对象图
5. 在项目的需求分析阶段，需要使用(　　)来描述系统所完成的功能。
   A. 用例图　　B. 类图　　C. 状态图　　D. 时序图

单元九 用例图

课程目标

- 描述用例图及其作用
- 了解用例图中的组成元素
- 绘制用例图的步骤
- 借助用例图分析图书管理系统

简 介

面向对象技术已经在软件开发中被广泛使用，我们在上一单元中描述了 OOAD 的优势及 UML 的常用图。本单元将详细讲述 UML 静态模型中的用例图及其元素。

9.1 用例和用例图

9.1.1 用例的概念

在系统开发的分析阶段，用户对系统的使用方式决定了如何设计和建造系统。所以从用户的角度出发，对帮助分析人员理解用户需求，建立可用的系统是非常重要的。

用例(User Case)是系统的一组场景，每个场景描述了系统中执行的动作序列。当某个参与者执行启动用例，也就是执行这些动作序列，系统将会产生参与者可看得见的结果值。

用例是系统的最终用户和开发人员之间沟通的桥梁，用例的一个主要用途就是作为沟通工具，使最终用户和开发人员能够清楚地理解需求。用例将参与者和系统之间的对话模型化，并且由参与者来启动，以调用系统中的某项功能。用例实质上是完整的、有意义的事件流。将所有用例放在一起，就构成了使用系统的所有可能的方式，所以用例也被用来帮助进行测试的设计。

9.1.2 用例的优点和必要性

在分析结束时，用户需要得到一个模型，该模型用真实世界中的实体表示要开发的系统，该模型必须使通常不是程序员的最终用户也能够理解。用例被提交给用户进行研究验证，并指出用例中是否正确地描述了其与系统的交互工作。这就是为什么强调用例必须使用用户能够理解的术语的原因。用例有如下几个优点。

- 用例将详细说明的需求表示为系统与一个或多个参与者之间的一系列交互。
- 这些交互有助于向用户描述所提出的系统功能。
- 就复杂系统来说，用例也以需要构建的内容提供系统分析的起点。
- 用例提供由系统提供的服务，并且有助于确定系统必须实现的类。

用例的必要性也很容易理解。在每个项目开始时，开发人员通常要先了解系统需求或功能需求，也就是了解用户需要系统开发人员开发什么样的产品。由此可以看出功能需求和用例的关系。功能需求是用户需要或想要的功能，用例是以图形符号来表示系统的不同功能。因此可以说，用例是系统的功能需求的图形化表示。用例被视为整个开发过程中不可缺少的部分。用例是基础，之后的所有其他视图或模型都是在它的基础上开发的。设计过程本身很大程度上以用例图为基础，因此用例图越完善，对系统需求的了解就越全面，而开发过程也就越顺利。

9.1.3 用例图

用例图(Use Case Diagram)是由软件需求分析到最终实现的第一步，它描述人们希望如何使用一个系统。用例图显示谁将是相关的用户、用户希望系统提供什么服务，以及用户需要为系统提供的响应，以便使系统的用户更容易理解这些服务的用途，也便于软件开发人员最终实现这些服务。用例图在各种开发活动中被广泛应用，但是它最常用来描述系统及子系统。

我们已经讲解了用例图的定义，说明用例图是表达系统中出现的各种事务处理或过程的静态模型，它表达系统执行或能够执行的各种功能。图形表示不仅包括过程，而且包括各种使用这些过程的人或元素，以及它们与这些系统过程的交互方式。

根据以上内容得出一个结论：在分析系统及其功能时，可以创建大量用来描述整个系统的用例模型，并从这些用例模型开始分析、设计和编码实现。

用例模型在 UML 中用多个用例图来描述。用例图包含多个模型元素，这些模型元素包括系统、参与者和用例，并且用例图也显示这些元素之间存在的各种关系，如泛化关系、关联关系等。

以自动柜员机(ATM)为例，可以将此机器视为一个系统，客户是启动 ATM 机的外部元素，系统的功能包括：

- 客户输入取款金额和密码取现金。
- 客户放入钞票存款(系统还需要验钞)。
- 客户输入账号、转账金额和密码进行转账。
- 客户查询账户余额。

ATM 机系统的用例图如图 9-1 所示。

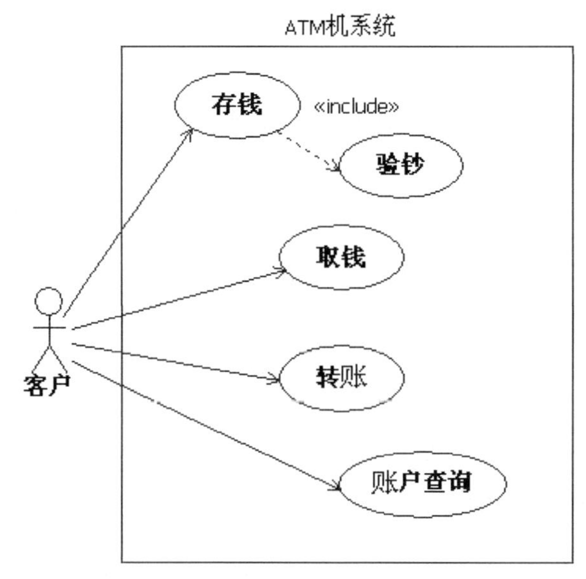

图 9-1 ATM 机系统的用例图

9.2 用例图中的元素

用例图中的元素包括系统边界、参与者(Actor)、用例(Use Case)。

9.2.1 系统边界

系统边界是用例图的一个组成部分，它代表的是一个活动范围，而不是一个真正的软件系统。系统边界用来说明构建的用例的应用范围。

在用例图中用矩形框表示系统边界。系统的名字通常写在矩形框的里面或者上方。

系统边界就是一个盒形结构，可将各种用例或系统的功能和过程封装到一个代表系统的边界区域内。因此，系统是包含在边界中的功能的集合。通过图 9-1 可以看得比较清楚，图中将 5 个用例圈起来的矩形框称为系统边界。

9.2.2 参与者

参与者(Actor)是系统外部的实体，它以某种方式参与用例的执行过程。参与者通过向系统输入某些事件来触发系统的执行。参与者由参与用例时所担当的角色表示。在 UML 中，参与者的表示方法，如图 9-2 所示。

图 9-2 参与者的表示方法

每个参与者可以参与一个或多个用例，它通过交换信息与用例发生交互，因此也与用例所在的系统或类发生交互，而参与者的内部实现与用例是不相关的，可以用一组定义其状态的属性充分描述参与者。参与者不属于系统内部的实体，因此应被放置在系统边界之外。

参与者有三大类：系统用户、与所构造的系统交互的其他系统和一些可以运行的进程。

第一类参与者是真实的人，即用户，是最常见的参与者，几乎存在于每个系统中。命名这些参与者时，应当按照业务而不是位置命名，因为每一个人可能有很多业务。例如，汽车租赁公司的客户服务代表，通常情况下是客服代表，但是如果他自己要租车，就变成了客户。所以，按业务而不是位置命名可以获得更稳定的参与者。

第二类参与者是其他系统。例如，汽车租赁系统可能需要与外部应用程序建立联系，验证信用卡以便付款。其中，外部信用卡应用程序是一个参与者，是另一个系统。因此在当前项目的范围之外，需要建立与其他系统的接口。这类位于系统边界之外的系统也是参与者。

第三类参与者是一些可运行的进程，如时间。当经过了一定时间触发系统中的某个事件时，时间就成了参与者。例如，在汽车租赁系统中，到了还车的时间客户还没有归还汽车，系统会提醒客户服务代表致电客户。由于时间不在人的控制之内，因此它也是一个参与者。

在获取用例前首先要确定系统的参与者，开发人员可以通过回答以下问题来寻找系统的参与者。

- 谁将使用该系统的主要功能?
- 谁将需要该系统的支持以完成其工作?
- 谁将需要维护、管理该系统，以及保持该系统处于工作状态?
- 系统需要处理哪些硬件设备?
- 与该系统交互的是什么系统?
- 谁或什么系统对本系统产生的结果感兴趣?

在对参与者建模的过程中，开发人员必须牢记以下几点。

- 参与者对于系统而言是外部的，因此它们可以处于人的控制之外。
- 参与者可以直接或间接地同系统交互，或使用系统提供的服务完成某件工作。

- 参与者表示人和事物与系统发生交互时所扮演的角色，而不是特定的人或者特定的事物。
- 一个人或事物在与系统发生交互时，可以同时或不同时扮演多个角色。
- 每一个参与者需要一个与业务一样的名字，在建模中不推荐使用类似于“新参与者”之类的名字。
- 每一个参与者必须有简短的描述，从业务角度描述参与者是什么。
- 和类一样，参与者可以具有表示参与者的属性和可以接受的事件，但使用得不频繁。

9.2.3 参与者之间的关系

因为参与者是类，所以多个参与者之间可以具有与类之间相同的关系。在用例图中，使用泛化关系描述多个参与者之间的公共行为。如果系统中存在几个参与者，它们既扮演自身的角色，同时也扮演更具一般化的角色，那么就用泛化关系来描述它们。这种情况往往发生在一般角色的行为在参与者父类中描述的场合。特殊化的参与者继承了该父类的行为，然后在某些方面扩展了此行为。参与者之间的泛化关系用一个空心三角箭头表示，指向扮演一般角色的父类，如图 9-3 所示。这与 UML 中类之间的泛化关系符号相同。

图 9-3 所示，假设一个汽车租赁公司，接受客户的电话预定和网上预定，参与者“客户”描述了参与者“电话客户”和“网上客户”所扮演的一般角色。如果不考虑客户是如何与系统接触的，可以使用一般角色的参与者，即父类；如果强调接触发生的形式，那么用例必须使用实际的参与者，即子类。

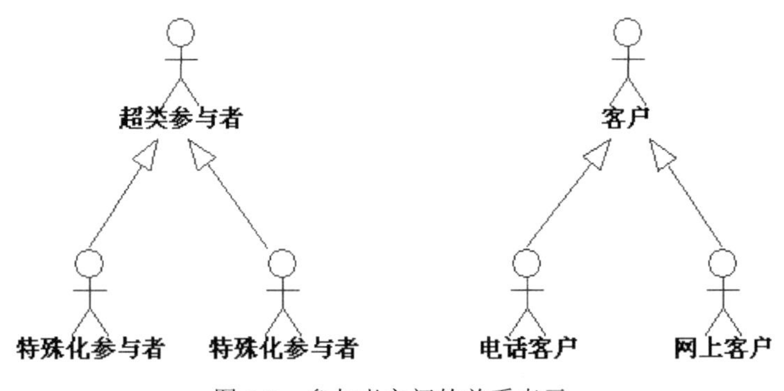

图 9-3 参与者之间的关系表示

9.2.4 用例

用例是外部可见的系统功能单元，这些功能由系统单元提供，并通过一系列系统单元与一个或多个参与者之间交换的消息所表达。用例的用途是，在不揭示系统内部构造的前提下定义连贯的行为。

用例的定义包含它所必需的所有行为——执行用例的主线次序、标准行为的不同变形、一般行为下的所有异常情况及其预期反应。从用户角度看，上述情况很可能是异常情况；从系统角度看，它们是必须被描述和处理的附加情况。更确切地说，用例不是需求或功能的规格说明，但是也展示和体现其所描述的过程中的需求情况。在UML中，用例用一个椭圆表示，用例的名字可以书写在椭圆中或椭圆下方，如图9-4所示。

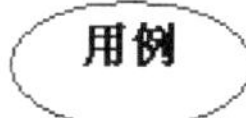

图 9-4 用例的表示方法

每个用例都必须具有一个唯一的名字以区别于其他用例。用例的名字是一个字符串，包含简单名(Sample Name)和路径名(Path Name)。用例的路径名是在用例名前面加上所属的包的名字。如图9-5所示，左边的用例使用的是简单名，右边的用例使用的是路径名，用例AddItem属于Business包。

图 9-5 用例路径名的表示方法

在模型中，每个用例的执行都独立于其他用例，尽管在执行一个用例时由于用例之间共享对象的原因可能会在用例之间产生隐含的依赖关系。每一个用例都表示一个纵向的功能块，这个功能块的执行会和其他用例的执行混合在一起。

用例的动态执行过程可以用UML的动态模型来描述，如状态图、时序图、协作图等，或者用非正式的文字描述来表示。用例功能的执行通过系统中的类之间的协作实现。一个类可以参与多个协作，因此也参与了多个用例。

本单元开始的时候已经说明了用例图对整个系统建模过程非常重要，在绘制系统用例图前，还有许多工作要做。系统分析者必须分析系统的参与者和用例，它们分别描述了“谁来做”和“做什么”这两个问题。

识别用例最好的方法就是从分析系统的参与者开始，考虑每个参与者是如何使用系统的。使用这种策略的过程中可能会发现新的参与者，这对完善整个系统的建模有很大的帮助。用例建模的过程就是一个迭代和逐步精化的过程，系统分析者首先从用例的名字开始，然后添加用例的细节信息。这些信息由简短的描述组成，它们将被精化成完整的规格说明。

在识别用例的过程中，通过回答以下几个问题，系统分析者可以获得帮助。

- 特定参与者希望系统提供什么功能？
- 系统是否存储和检索信息？如果是，由哪个参与者发起？
- 当系统改变状态时，是否通知参与者？
- 是否存在影响系统的外部事件？
- 哪个参与者通知系统知道这些事件？

9.2.5 用例间的关系

用例除了与其参与者发生关联外，还可以具有系统中的多个关系，这种关系包括关联关系、包含关系和扩展关系。应用这些关系是为了从系统中提取出公共的行为和其变体。

1. 关联关系(Association)

关联关系描述参与者与用例之间的关系，在 UML 中，关联关系使用带箭头的实线表示，如图 9-6 所示。

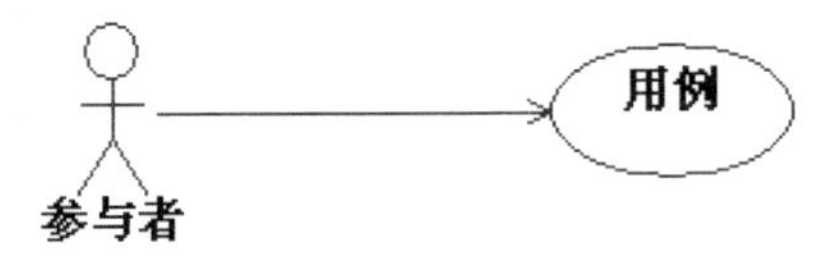

图 9-6　关联关系的表示方法

关联关系表示参与者与用例之间的通信。不同的参与者可以访问相同的用例，一般来说，它们和该用例的交互是不一样的，如果一样，说明它们的角色可能是相同的。如果两种交互的目的也相同，说明它们的角色是相同的，就可以将它们合并。

图 9-7 所示是汽车租赁系统用例图中的一部分内容。本例中显示的是“客户”参与者及与其交互的 3 个用例(预订、取车和还车)。“客户”可以启动“预订”“取车”和“还车”3 个用例。

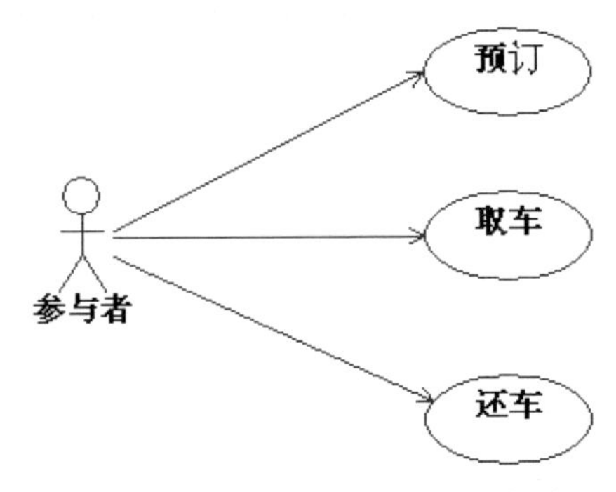

图 9-7　汽车租赁系统的关联关系

2. 包含关系(Include)

虽然每个用例的实例都是独立的，但是一个用例可以用其他更简单的用例来描述。这有点像通过继承父类并增加附加描述来定义一个类。一个用例可以简单地包含其他用例具有的行为，并把它所包含的用例行为作为自身行为的一部分，这被称为包含关系。在这种情况下，新用例不是初始用例的一个特殊例子，并且不能被初始用例替代。在UML中，包含关系为虚线箭头加<<include>>字样，箭头指向被包含的用例，如图9-8所示。

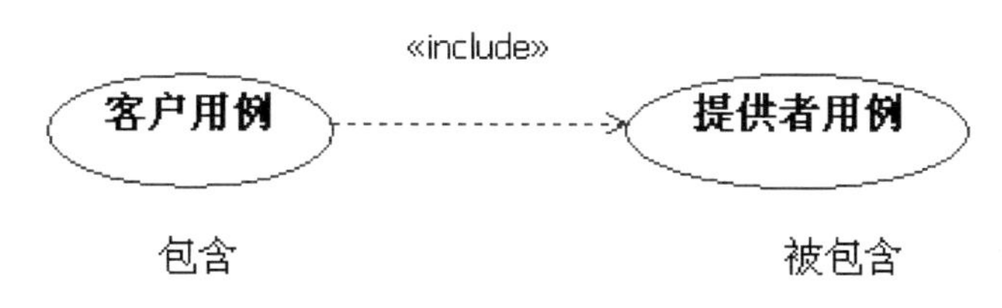

图9-8　包含关系示意图

包含关系把几个用例的公共步骤分离成一个单独的被包含用例。被包含用例称作提供者用例，包含用例称作客户用例，提供者用例提供功能给客户用例使用。用例间的包含关系允许包含提供者用例的行为到客户用例的事件中。

包含关系使一个用例的功能可以在另一个用例中使用，如下所述。

- 如果两个以上的用例有大量一致的功能，则可以将这个功能分解到另一个用例中。其他用例可以和这个用例建立包含关系。
- 一个用例的功能太多时，可以用包含关系构建多个小用例。

要使用包含关系，就必须在客户用例中说明提供者用例行为被包含的详细位置，这一点同功能调用有点类似。事实上，它们在某种程度上具有相似的语义。

如图9-9所示是汽车租赁系统用例图中的部分内容。本例中，“填写电子表格”的功能在“网上预订”过程中使用，不管如何处理“网上预订”用例，总是要运行“填写电子表格”用例，因此它们具有包含关系。

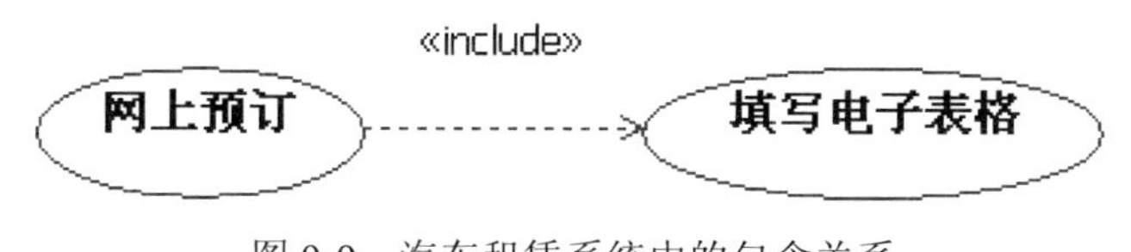

图9-9　汽车租赁系统中的包含关系

3. 扩展关系(Extend)

一个用例也可以被定义为基础用例的增量扩展，这称作扩展关系。扩展关系是把新的行为插入已有的用例中的方法。同一个基础用例的几个扩展用例可以在一起应用。基础用例的扩展增加了原有的语义，此时是基础用例而不是扩展用例被称作子用例使用。在UML中，扩展关系表示为虚线箭头加<<extend>>字样，箭头指向被扩展的用例(即基础用例)，如图9-10所示。

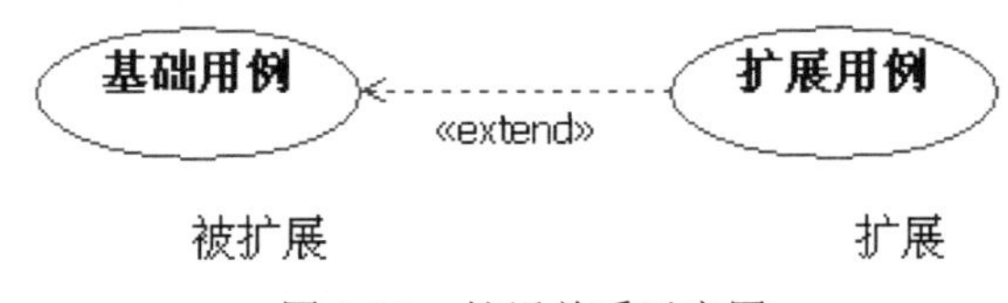

图 9-10　扩展关系示意图

基础用例提供了一组扩展点，在这些新的扩展点中可以添加新的行为，而扩展用例提供了一组插入片段，这些片段能够被插入基础用例的扩展点上。基础用例不必知道扩展用例的任何细节，它仅为其扩展点。事实上，基础用例即使没有扩展用例也是完整的，这点与包含关系有所不同。一个用例可能有多个扩展点，每个扩展点也可以出现多次。但是一般情况下，基础用例的执行不会涉及扩展用例，只有特定的条件发生时，扩展用例才被执行。扩展关系为处理异常或构建灵活的系统框架提供了一种非常有效的方法。

图 9-11 所示是汽车租赁系统用例图中的一部分内容。本例中，基础用例是“还车”，扩展用例是“交纳罚金”。如果汽车可以被归还，那么执行“还车”用例即可。但是如果超过了还车时间或汽车受损，按规定客户要交纳一定的罚金，这时就不能执行用例提供的常规动作。若要更改用例“还车”，势必会增加系统的复杂性，因此可以在用例“还车”中增加扩展点，即特定条件为超时或损坏，如果满足特定条件，将执行扩展用例“交纳罚金”，这样显然可以使系统更容易被理解。

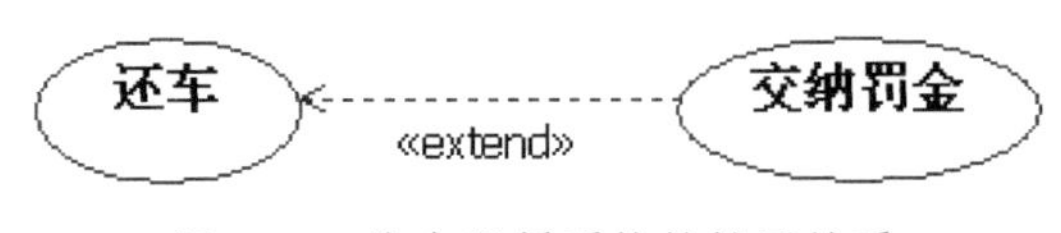

图 9-11　汽车租赁系统的扩展关系

9.3　绘制用例图

构建一个用例图需要如下 4 个步骤。

(1) 清晰定义系统或系统边界。这将有助于将不同的元素归类为外部元素或内部元素，从而更易于查找参与者和用例(参与者在系统之外，用例在系统之内)。

(2) 标识与各种过程或用例直接相关的参与者。这些参与者是启动系统的不同过程的元素。简单地说，是使用系统的人或对象。标识参与者后，就可以将各个用例明确定义为参与者的功能或目标。定义每个参与者后，应该定义其目标。这一步是必需的，因为一旦列出每个参与者的目标，遗漏用例的机会非常小，或者说，开发人员能够更方便准确地标识各个用例。

(3) 标识各个用例。由于已经定义了参与者及其目标，这一步简化了。接下来只要定义符合这些目标的用例，这正是开发的主要目的，即设计满足用户需要的系统。

(4) 确定参与者和用例之间的关系。每一个参与者都触发一个或更多的用例。每一个用例都由一个或多个参与者触发。创建高层用例图的最后一个步骤是描述用例和参与者，以及用例与用例之间的各种关系。

9.3.1 确定系统边界

正如前面所定义的，系统边界是分隔系统元素和外部环境的边界。此边界告知放置所有功能的位置，放置参与者的位置，或者是否有用例或功能遗漏在边界外。它有助于开始构建系统。

9.3.2 标识参与者及其目标

通过一些简单的问题，如哪些人、哪些过程将使用系统，就可以识别参与者。谁可以改变系统功能？或者谁可以在系统中启动任何种类的操作？回答了这些问题，就能够得出与此系统相关的参与者或对象。除了这些参与者，还会有一些与系统功能直接连接的参与者及间接受益于这些交互的参与者。主要参与者是系统及其过程直接关联的参与者，次要参与者是间接受益的参与者。

定义了参与者后，标识目标就变得很简单。标识主要参与者的目标是必要的，因此这是系统必须包含的功能。主要参与者的目标或需求是系统的基本功能。建立基本功能后，应检查这些基本功能是否具有可以满足次要参与者的关联或关系，主要是根据每个参与者列出这些目标，这样接下来定义用例就变得很简单，因此此时功能已转化为用例。

9.3.3 定义用例

到目前为止，用例定义为系统提供了功能，但这些功能是用户的目标和结果。以常见的ATM 机为例，顾客或账户持有人的一个特定需求是取钱，他的唯一目标是拿到钱，这个目标转换为系统的功能就是交付现金。通过这种思路，各种目标都可以转换为系统的功能。

9.3.4 确定用例之间的关系

分别考虑每一个参与者所触发的用例，一旦这个用例触发，它就可以通知其他参与者，或者向其他参与者请求信息。

这些是开发用例所涉及的步骤。一切工作整理就绪后，就可以使用符号绘制用例图了。

9.4 借助用例图分析“图书管理系统”

为了加深大家对知识的理解，我们通过一个实际的系统用例图来说明借助用例图对系统进行分析。我们选取的实例是大家非常熟悉的图书管理系统，接下来将利用 XDE 构建图书管理系统的用例图。

根据前述的绘制用例图的步骤，我们一步一步来完成。

1. 确定系统的总体信息及边界

图书管理系统是对书籍的借阅及读者信息进行统一管理的系统，具体包括读者的借书、还书、书籍预订；图书管理员的书籍借出、书籍归还处理、预订信息处理；系统管理员的系统维护，包括增加书目、删除或更新书目、增加书籍、减少书籍、增加读者账户信息、删除或更新读者账户信息、书籍信息查询、读者信息查询等。系统的总体信息确定以后，就可以分析系统的参与者和确定系统用例了。

2. 确定系统的参与者

确定参与者首先需要分析系统所涉及的问题领域和系统运行的主要任务：分析使用该系统主要功能的是哪些人，谁需要该系统的支持以完成其工作，还有系统的管理者与维护者。

根据图书管理系统的需求描述，可以确定如下几点。

(1) 作为一个图书管理系统，首先需要读者(借阅者)的参与，读者可以登录系统查询所需要的书籍，查到所需的书籍后可以考虑预订，当然最重要的是借书、还书操作。

(2) 对于系统来说，读者发起的借书、还书等操作最终还需要图书管理员来处理，他们还可以负责图书的预订和取消预订。

(3) 对于图书管理系统来说，系统的维护操作也是相当重要的，维护操作主要包括增加书目、删除或更新书目、增加书籍、减少书籍等操作。

由以上分析可以得出，系统的参与者主要有三类：读者(也可以称为借阅者)、图书管理员和系统管理员。

3. 确定系统用例

用例是系统参与者与系统在交互过程中所需完成的事务，识别用例最好的办法就是从分析系统的参与者入手，考虑每个参与者是如何使用系统的。由于系统存在借阅者、图书管理员和系统管理员 3 个参与者，且这 3 个参与者完成各自的功能，所以在识别用例的过程中，可以将系统分为 3 个用例图分别考虑。

(1) 借阅者请求服务的用例。

借阅者请求服务的用例图中包含如下用例。

- 登录系统
- 查询自己的借阅信息
- 查询书籍信息
- 预订书籍
- 借阅书籍
- 归还书籍

(2) 图书管理员处理借书、还书等的用例。

图书管理员处理借书、还书等包含如下用例。

- 处理书籍借阅
- 处理书籍归还
- 删除预订信息

(3) 系统管理员进行系统维护的用例。

系统管理员进行系统维护包含如下用例。

- 查询借阅者信息
- 查询书籍信息
- 增加书目
- 删除或更新书目
- 增加书籍
- 删除书籍
- 添加借阅者账户
- 删除或修改借阅者账户

4. 确定用例之间的关系

在借阅者请求服务的用例图中，用例“归还书籍”和用例“交纳罚金”之间存在扩展关系。

在图书管理员处理的用例图中，用例“书籍归还处理”和用例“收取罚金”之间存在扩展关系；用例“书籍借阅处理”与用例“检查用户借阅证”用例之间存在包含关系。

根据以上分析结果，我们可以得到图书管理系统的用例图，如图 9-12～图 9-14 所示。

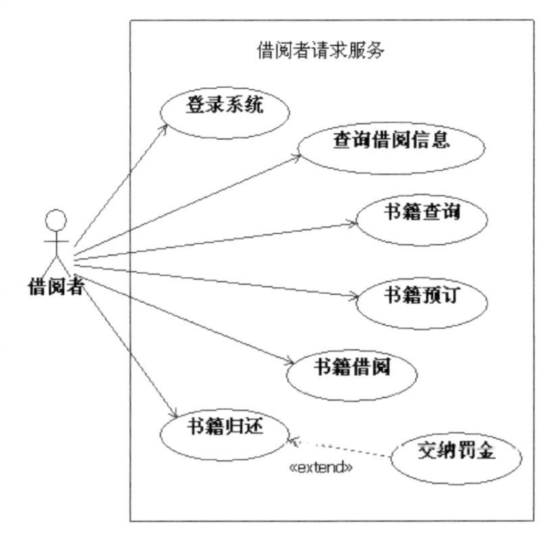

图 9-12　图书管理系统的用例图(1)

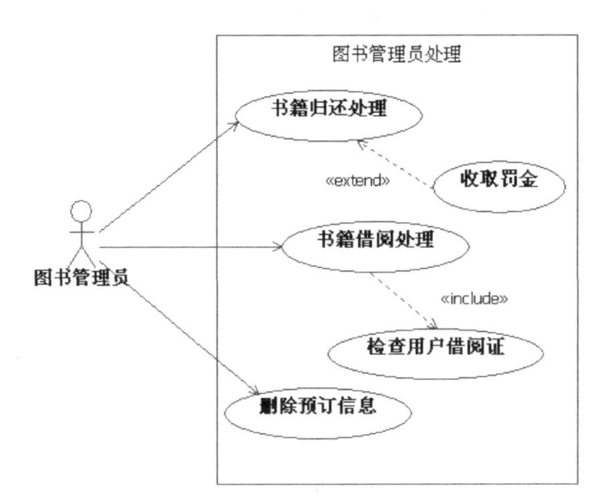

图 9-13　图书管理系统的用例图(2)

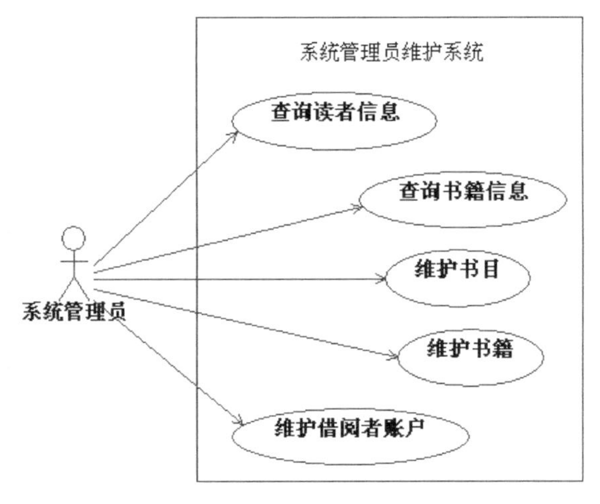

图 9-14　图书管理系统的用例图(3)

【单元小结】

- 用例图被用来对系统进行分析并描述需求。
- 用例代表的是系统的行为和功能。
- 用例图由系统边界、参与者、用例和关系组成。
- 用例之间有包含和扩展的关系，参与者之间有泛化的关系，参与者与用例之间是关联的关系。

【单元自测】

1. 下列(　　)不属于图书管理系统的参与者。

   A. 借阅者　　B. 图书

   C. 图书管理员　　D. 系统管理员

2. 用例图可以用于软件开发的(　　)阶段。

   A. 需求分析和测试　　B. 设计

   C. 编码　　D. 部署

3. 标识用例是构建用例图的(　　)步骤。

   A. 第一个　　B. 第二个

   C. 第三个　　D. 第四个

4. 扩展关系是指源用例(　　)包含或具有目标用例的行为。

   A. 部分　　B. 显式

   C. 有条件　　D. 完全

5. 确定系统的参与者时，参与者的来源不包括(　　)。

   A. 使用系统的人　　B. 外部系统

   C. 可运行的进程　　D. 外部系统中的实体

【上机实战】

上机目标

- 确定业务系统的参与者。
- 确定业务系统的用例。
- 确定用例图中的各种关系。

上机练习

第一阶段

练习 1：绘制用例图

【问题描述】

绘制一家诊所业务的用例图，诊所的业务功能如下。

- 接待员接听诊所电话，还要记录预约和取消预约。
- 有一名职员负责配药和收取诊疗费用。
- 医生只接见有预约的病人。

【问题分析】

仔细阅读这个问题，对要构建的系统进行分析。问题详述是获取用例图中的各个元素的来源。

首先进行分析，然后按照以下步骤绘制用例图。

【参考步骤】

(1) 确定系统边界。

此系统可以定义为诊所系统的基本过程和功能。因此，系统将包括病人、接待员、诊所职员和医生所执行的所有功能。系统将由他们执行各种功能，由此可以清楚系统边界，系统包含这个人员所涉及的所有功能。

(2) 确定参与者。

根据上面的分析，此系统可能的参与者包括病人、接待员、职员和医生。病人又分两种情况，有预约的病人和没有预约的病人，但在系统中医生只接待有预约的病人，没有预约的病人将无法使用本系统，所以没有预约的病人对本系统的关系不大，我们不需要对病人做进一步的区分，泛化出父对象病人和子对象有预约的病人、没有预约的病人即可。

因此本系统的参与者为：

- 病人
- 接待员
- 职员

- 医生

(3) 确定用例。

现在需要确定系统中的用例，即系统的功能。用例的识别可以从参与者入手，分析参与者可能执行的功能或动作。

病人可以电话预约和取消预约；接待员接听电话记录预约或取消预约；职员配药和收取诊疗费；医生给病人看病。

由此我们可以确定系统的基本用例如下：

- 预约
- 取消预约
- 问诊
- 收费

(4) 确定用例之间的关系。

在分析得到系统的基本用例之后，我们还要继续对用例进行分析，找出隐含的用例及与基本用例有包含或扩展关系的用例。

首先，在预订和取消预订的时候，都需要更新预约时间表，这是一个隐含的用例，它应该被预约和取消预约用例所包含。

其次，医生看病时，如果有必要，还需要进行常规检查或者详细检查，这两个用例应该扩展于问诊用例。

最后，职员在收取诊疗费的时候，还需要打印费用清单，这个用例应该被收费用例包含；如果医生给病人开了药，还需要配药和打印药品清单，这两个用例又扩展了收费用例。

【解决方案】

我们可以首先按照如下步骤绘制带有 4 个参与者和 4 个基本用例的系统用例图。

(1) 启动 Visual Studio .NET 2003，创建一个 Rational XDE 的空项目 OOAD1。

(2) 在空项目 OOAD1 中创建一个空白模型 Hospital。

(3) 切换到模型浏览器，右击模型 Hospital，添加一个图 Add Diagram，然后选择 UseCase，在模型中添加一个用例图。

(4) 在用例图中绘制出 4 个参与者和 4 个基本用例，如图 9-15 所示。

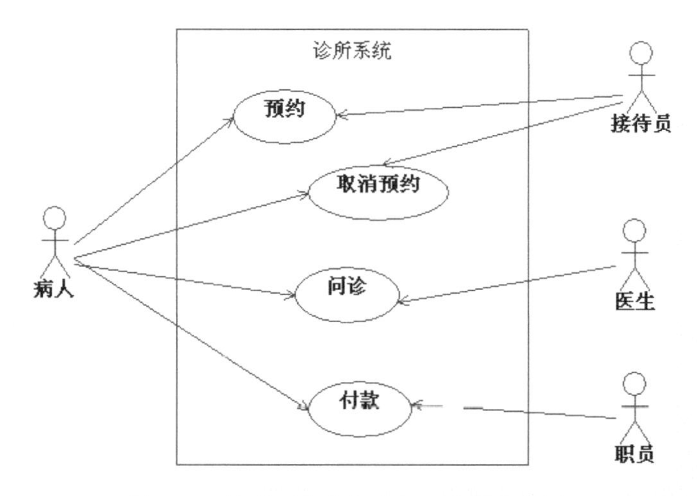

图 9-15　绘制 4 个参与者与 4 个基本用例

“预约”和“取消预约”用例包含“查找或更新时间表”的用例；“常规检查”和“详细检查”用例扩展了“问诊”用例；“付款”用例包含了“打印诊费清单”用例；“配药和打印药品清单”用例扩展了“付款用例”。因此将用例图精化为如图 9-16 所示。

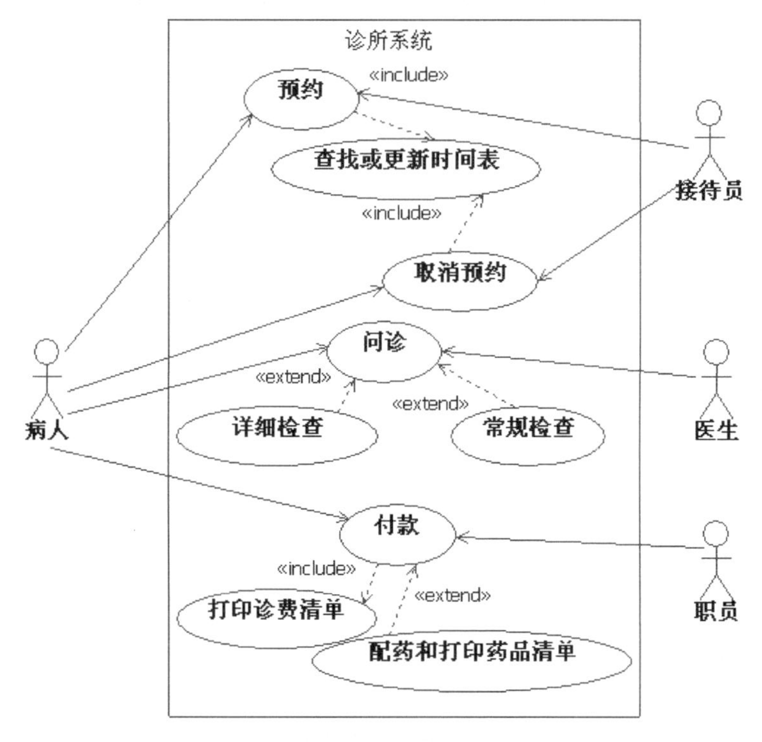

图 9-16　精化用例图

第二阶段

练习 2：快餐连锁店用例图

【问题描述】

为一家快餐连锁店绘制一个用例图，快餐店的功能如下。

- 顾客到柜台点餐、付款、领取小票，然后到送餐柜台。
- 送餐柜台的服务员收取并登记小票，再准备快餐，送出指定菜式的套餐，同时登记客户领取快餐日志。
- 顾客带着快餐离开。

练习 3：旅行社用例图

【问题描述】

为一家旅行社绘制一个用例图，系统的功能如下。

- 顾客查看所有提供的行程。
- 顾客可以选择特定日期的特定旅行团。
- 预订后，顾客要付款。
- 如有需要，顾客可以取消预订。
- 行程内容在网络上提供，因此所有过程都在网络上完成。

【拓展作业】

1. 为自动柜员机(ATM)绘制一个用例图。它包含一般 ATM 的功能，所有用例根据 ATM 的一般操作决定。

2. 绘制机票预订系统的用例图，系统的功能如下：乘客在机场登记，检票员为乘客办理登记手续，为乘客的行李称重并为其分配座位。乘务员可以添加预订，即检查是否有空位并预留座位。票务员还可以将乘客的信息添加到数据库，以供日后参考，也可以取消乘客的预订，取消预订后，应更新剩余座位。

3. 绘制在线拍卖系统的用例图，其功能如下：卖家登录系统后可以发布自己的商品，还可以管理自己的账户；买家登录系统后，可以浏览商品，当选中某件商品后，可以出价竞拍；当到达商品的拍卖时间后，出价最高的买家将有权购买该商品，系统将通过邮件自动通知买家和卖家，他们将通过第三方信用系统进行付款交易。

课程目标

- ▶ 理解动态模型的特点
- ▶ 掌握使用 XDE 绘制状态图
- ▶ 掌握使用 XDE 绘制活动图
- ▶ 掌握使用 XDE 绘制时序图

简 介

在上一单元，我们讲述了如何利用用例图分析系统的功能。如何描述系统中的用例间的交互以实现用例描述的功能呢？如何找出系统中其他的边界用例来完善用例图呢？这就需要借助于我们本单元要介绍的各种动态模型。

10.1 动态模型

模型表示系统静态结构和动态行为。这种表示形式可为同一系统提供不同的视角。

静态模型展示了待开发系统的结构特征。类图是系统静态模型的一部分。而动态模型用于描述系统的过程和行为，如描述系统从一种状态到另一种状态的转换。

动态模型描述与操作时间和顺序有关的系统特征、影响更改的事件、事件的序列、事件的环境及事件的组织。

借助状态图、活动图和时序图，可描述系统的动态模型。动态模型的每种图均有助于理解系统的行为特征。对于开发人员来说，动态模型具有明确性、可视性和简易性的特点。

大量成功的软件工程实践验证了动态模型的实用性，而动态模型的优越性使得该方法被广泛接受。动态建模的优越性如下。

(1) 如同建筑物或房屋的建筑模型可显示施工场地的结构和设计一样，动态模型使用户和开发人员能更容易地理解构思中的系统。

(2) 建模有助于解释状态的更改，并通过将不重要的方面与重要的方面分开而降低复杂度。借助每个状态图和时序图可降低系统的复杂度。

(3) 借助动态模型，可监视构思中的系统是否存在任何类型的缺陷，如果在开发开始后才发现这些缺陷，则可能需要付出昂贵的代价。

(4) 维护模型比维护实际的系统容易得多，成本也降低了很多。

动态模型的组件主要包括状态图、活动图、时序图和协作图，下面将在各个小节中讨论动态模型中的这些图。

10.2 状态图

状态图是系统分析的一种常用工具，它通过建立类的对象的生存周期模型来描述对象随时间变化的动态行为。系统分析员在对系统建模时，最先考虑的不是基于活动之间的控制流，而是基于状态之间的控制流，因为系统中对象的状态变化最易发现和理解。

10.2.1 状态机

状态机是展示状态与状态转换的图。在计算机科学中，状态机的使用非常普遍：在编译技术中通常用有限状态描述语法分析过程；在操作系统的进程调度中，通常用状态机描述进程的各个状态之间的转化关系。此外，在面向对象分析与设计中，对象的状态、状态的转换、触发状态转换的事件、对象对事件的响应(即事件的行为)都可以用状态图来描述。

UML 用状态机对软件系统的动态特征建模。通常一个状态机依附于一个类，并且描述一个类的实例(即对象)。状态机包含了一个类的对象在其生命期间所有状态的序列及对象对接收到的事件所产生的反应。

利用状态机可以精确地描述对象的行为：从对象的初始状态起，开始响应事件并执行某些动作，这些事件引起状态的转换；对象在新的状态下又开始响应事件和执行动作，如此连续进行直到终结状态。

状态机由以下 5 部分组成。

(1) 状态。状态表述一个模型在其生存期内的状况，如满足某些条件、执行某些操作或等待某些事件。一个状态的生存期是有限的一个时间段。

(2) 转换。转换表示两个不同状态之间的联系，事件可以触发状态之间的转换。

(3) 事件。事件是在某个时间产生的，可以触发状态转换的，如信号、对象的创建和销毁、超时和条件的改变等。

(4) 活动。活动是在状态机进行的一个非原子的执行，由一系列动作组成。

(5) 动作。动作是一个可执行的原子计算，它导致状态的变更或者返回一个值。

状态机不仅可以用于描述类的行为，也可以描述用例、协作和方法甚至整个系统的动态行为。

10.2.2 状态图的表示方法

一个状态图表示一个状态机，主要用于表现从一个状态到另一个状态的控制流。它不仅可以展现一个对象拥有的状态，还可以说明事件(如消息的接收、错误、条件变更等)如何随着时间的推移来影响这些状态。

状态图由表示状态的节点和表示状态之间转换的带箭头的直线组成。若干个状态由一条或者多条转换箭头连接，状态的转换由事件触发。模型元素的行为可以由状态图中的一条通路表示，沿着此通路状态机随之执行一系列动作。

组成 UML 的图形元素有状态、转换、初始状态、终结状态和判定等，一个简单的状态图示意图如图 10-1 所示。

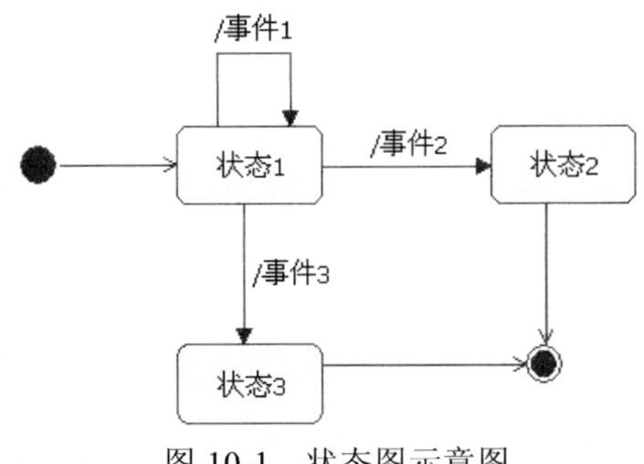

图 10-1　状态图示意图

10.2.3　状态

状态由一个带圆角的矩形表示，状态图的图标可以分为以下 3 个部分：

(1) 名称。名称表示状态的名字，通常用字符串表示。一个状态的名称在状态图所在的上下文中应该是唯一的，但状态允许匿名。

(2) 内部转换。在内部转换中可以进入或者走出此状态应该执行的活动或者动作，它们将响应对象所接收到的事件，但是不改变对象的状态。

(3) 嵌套状态图。状态图中的状态有两种：一种是简单状态，简单状态不包含其他状态；一种是组合状态，组合状态是包含子状态的状态。在组合状态的嵌套状态图部分包含的就是此状态的子状态。

10.2.4　转换

转换用带箭头的直线表示，直线一端连接源状态，即转出的状态，箭头一端连接目标状态，即转入的状态。转换可以标注与此相关的选项，如事件、动作和监护条件。转换示意图如图 10-2 所示。

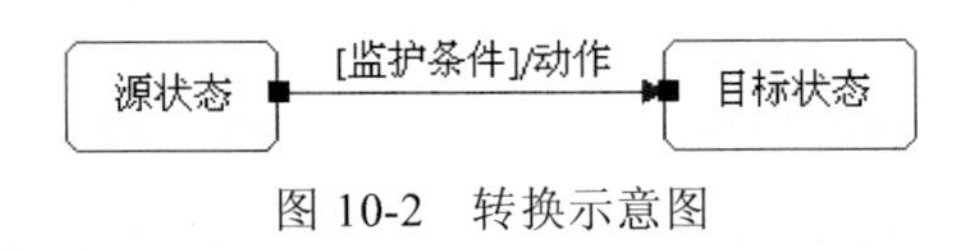

图 10-2　转换示意图

由图 10-2 中可以看出，当源状态接收到一个事件，并且监护条件得到满足时，则执行相应的动作，同时从源状态转换到目标状态。

如果转换上没有标注触发转换的事件，则表示此转换为自动进行。

10.2.5　初始状态

每个状态图都应该有一个初始状态，此状态代表状态图的起始位置。初始状态只能作为转换的源，而不能作为转换的目标。初始状态在一个状态中只能允许有一个，用一个实心的圆表示。

10.2.6　终止状态

终止状态是模型元素的最后状态，是一个状态图的终止点。终止状态只能作为转换的目标，而不能作为转换的源。终止状态在一个状态图中可以有多个，它用一个含有实心圆的空心圆表示。

10.2.7　状态图建模

状态图一般用于对系统中的某些对象，如类、用例和系统的行为建模。建模的时候要找出对象所处的状态、触发状态改变的动作，以及对象状态改变时应执行的动作。具体的建模步骤如下。

- 找出适合用模型描述其行为的类。
- 确定对象可能存在的状态。
- 确定引起状态转换的事件。
- 确定转换进行时对象执行的相应动作。
- 对建模的结果进行相应的精化和细化。

10.2.8　图书管理系统的状态图

在图书管理系统中，有明确状态转换的对象包括书籍和借阅者账户。可以在模型中为这两个对象建立状态图。

其中书籍的状态图如图 10-3 所示。

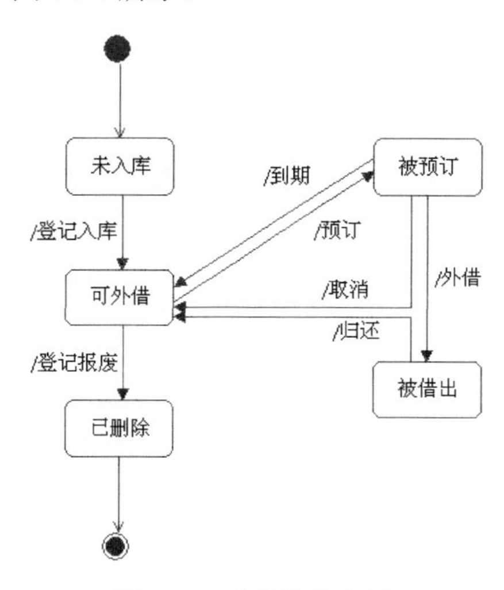

图 10-3　书籍的状态图

10.3 活动图

活动图是 UML 用于对系统的动态行为建模的另一种常用工具，它描述活动的顺序，展现从一个活动到另一个活动的控制流。系统分析员需要针对某些流程复杂的用例绘制活动图，来分析和描述这些用例的具体执行过程。

活动图在本质上是一种流程图。活动是某件事情正在进行的状态，既可以是现实生活中正在进行的某项工作，也可以是软件系统某个类的对象的一个操作。活动在状态机中表现为由一系列动作组成的执行过程。

在 UML 中，活动图表示成圆角矩形，与状态图的矩形相比，活动图的矩形的圆角更柔和，看上去接近椭圆。活动图的图标包含对活动的描述(如活动名)。如果一个活动引发下一个活动，则两个动作的图标之间用带箭头的直线连接。与状态图类似，活动图也有起点和终点，表示法和状态图相同。活动图中还包括分支与合并、分叉与汇合等模型元素。一个简单的活动图的模型如图 10-4 所示。

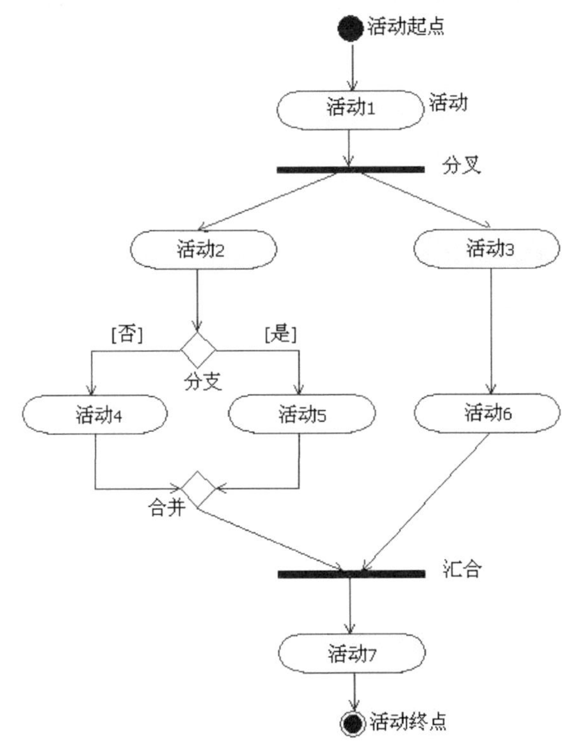

图 10-4　一个简单的活动图的模型

10.3.1　活动图与状态图的区别

虽然活动图与状态图都是状态机的表现形式，但是两者是有本质区别的：活动图着重表现从一个活动到另一个活动的控制流，是内部处理驱动的流程；而状态图着重描述从一个状态到另一个状态的流程，主要有外部事件参与。

10.3.2 活动图与流程图的区别

虽然活动图描述系统使用的活动、判定点和分支，看起来和流程图没什么两样，并且传统的流程图所能表示的内容，大多数情况下也可以使用活动图表示，但是两者是有区别的，不能将两个概念混淆。

活动图与流程图的区别如下。

- 流程图着重描述处理过程，它的主要控制结构是顺序、分支和循环，各个处理过程之间有严格的顺序和时间关系；而活动图描述的是对象活动的顺序关系所遵循的规则，它着重表现的是系统行为，而非系统的处理过程。
- 活动图能够表示并发活动的情形，而流程图不能。
- 活动图是面向对象的，而流程图是面向过程的。

10.3.3 动作状态

动作状态是指执行原子的、不可中断的动作，并在此动作完成后通过完成转换转向另一个状态。

动作状态有如下特点。

- 动作状态是原子的，它是构造活动图的最小单位，已经无法分解为更小的部分。
- 动作状态是不可中断的，它一旦开始运行就不能中断，一直运行到结束。
- 动作状态是瞬时的行为，它所占用的处理时间极短，有时甚至可以忽略。
- 动作状态可以有入转换，入转换既可以是动作流，也可以是对象流。动作状态至少有一条出转换，这条转换以内部动作的完成为起点，与外部事件无关。
- 动作状态和状态图中的状态不同，它不能有入口动作和出口动作，更不能有内部转移。
- 在一张活动图中，动作状态允许多处出现。

在UML中动作状态使用平滑的圆角矩形表示，动作状态表示的动作写在圆角矩形内部。

10.3.4 活动状态

活动状态用于表示状态机中的非原子的运行。活动状态的特点如下。

- 活动状态可以分解为其他子活动或动作状态，由于它是一组不可中断的动作或操作的组合，所以可以被中断。

- 活动状态的内部活动可以用另一个活动图来表示。
- 和动作状态不同，活动状态可以有入口动作和出口动作，也可以有内部转移。
- 动作状态是活动状态的一个特例，如果某个活动状态只包括一个动作，那么它就是一个动作状态。

虽然和动作状态有诸多不同，但是活动状态的表示图标却和动作状态相同，都是平滑的圆角矩形。稍有不同的是，活动状态可以在图表中给出入口动作和出口动作等消息。

10.3.5　动作流

与状态图不同，活动图的转换一般都不需要特定事件的触发。一个动作状态执行完本状态需要完成的动作后会自发转换到另外一个状态。一个活动图有很多动作或者活动状态，活动图通常开始于初始状态，然后自动转换到活动图的第一个动作状态，一旦该状态的动作完成后，控制就会不加延迟地转换到下一个动作状态或者活动状态。转换不断重复进行，直到碰到一个分支或者终止状态为止。所有动作状态之间的转换流称为动作流。

与状态图的转换相同，活动图的转换也用带箭头的直线表示，箭头的方向指向转入方向。

10.3.6　分支与合并

动作流一般会自动进行控制转换，直到遇到分支。分支在软件系统流程中很常见，它一般用于表示对象类所具有的条件行为。一个无条件的动作流可以在一个动作状态的动作完成后自动触发动作状态的转换以激发下一个动作状态，而有条件的动作流则需要根据条件，即一个布尔表达式的真假来判定动作的流向。条件行为用分支和合并表达。

在活动图中分支与合并用空心小菱形表示。分支包括一个入转换和两个带条件的出转换，出转换的条件应该是互斥的，这样可以保证只有一条出转换能够被触发。合并表示从对应的分支开始的条件行为的结束，包括两个带条件的入转换和一个出转换。分支与合并的示意图如图 10-5 所示。

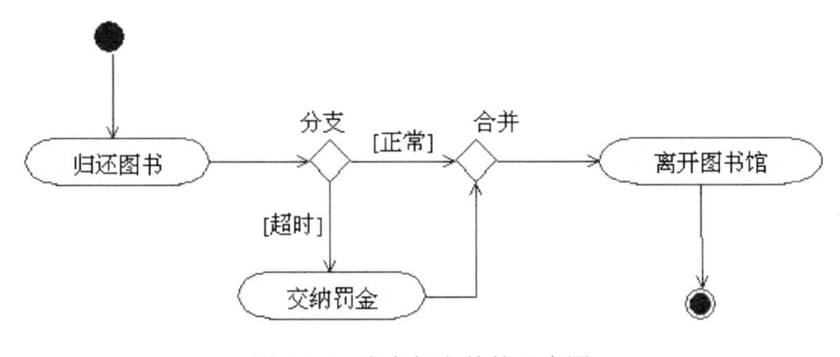

图 10-5　分支与合并的示意图

图 10-5 所示描述了还书的过程。首先将书拿到图书管理员处，如果所借书籍没有超过期限，则还书成功，可以离开；如果所借书籍已经超过规定期限，则需要交纳一定的罚款，然后才能离开。

10.3.7 分叉与汇合

对象在运行时可能会存在两个或者多个并发运行的控制流，为了对并发的控制流建模，在UML中引入了分叉和汇合的概念。分叉用于将动作流分为两个或者多个并发运行的分支，而汇合则用于同步这些并发分支，以达到共同完成一项事务的目的。

分叉可以用来描述并发线程，每个分叉可以有一个输入转换和两个或多个输出转换，每个转换都可以是独立的控制流。

汇合代表两个或多个并发控制流同步发生，当所有的控制流都达到汇合点后，控制才能继续往下进行。每个汇合可以有两个或多个输入转换和一个输出转换。

分叉和汇合都使用加粗的水平线段表示。分叉和汇合的示意图如图 10-6 所示。

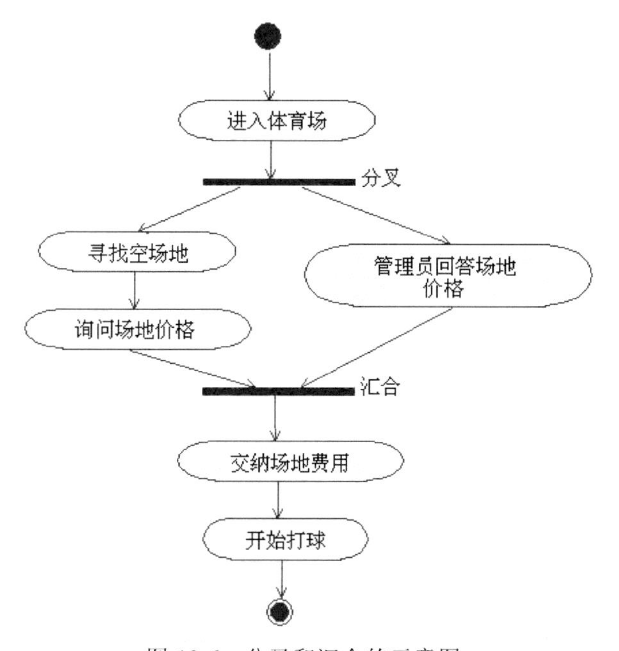

图 10-6 分叉和汇合的示意图

图 10-6 所示描述的是到羽毛球馆打羽毛球的活动图。首先进入场地，然后寻找空场地，找到场地以后要询问管理员场地的价格，如果合适就付钱开始打球。

10.3.8 活动图建模

在系统建模的过程中，活动图能够附加到任何建模元素中以描述其行为，这些元素包括用例、类、接口、节点、协作、操作和方法等，但更多的情况是用来描述用例。通常来说，用活动图对工作流建模可遵循如下步骤。

(1) 识别要对工作流描述的类或对象。找出负责工作流实现的业务对象，这些对象可以是显示业务领域的实体，也可以是一种抽象的概念和事务。找出业务对象的目的是为每一个重要的业务对象建立条件。

(2) 确定工作流的初始状态和终止状态，明确工作流的边界。

(3) 对工作状态或活动状态建模。找出随时间发生的动作和活动，将它们表示为动作状态或活动状态。

(4) 动作流建模。对动作流建模时可以首先处理顺序动作，接着处理分支与合并等条件行为，然后处理分叉和汇合等并发行为。

(5) 对对象流建模。找出与工作流相关的重要对象，并将其连接到相应的动作状态和活动状态。

(6) 对建立的模型进行精化和细化。

10.3.9 图书管理系统的活动图

在“图书管理系统”中，我们选取“创建账户”的用例，绘制活动图来详细描述该用例的执行过程。

系统的用例“创建账户”允许管理员建立和激活一个账户，输入用户信息。在创建过程中还可能出现系统错误或同名账户的提示。

“创建账户”的活动图如图 10-7 所示。

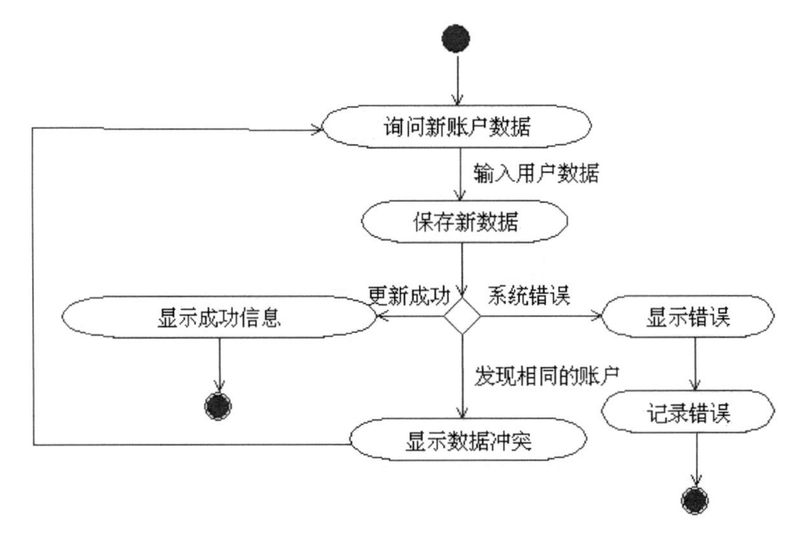

图 10-7 “创建账户”的活动图

10.4 时序图

在描述对象之间的交互时，常常会用到时序图，它可以帮助系统分析员理解和表述某个复杂用例中对象之间的相互调用，另外，对用例绘制时序图，可以帮助我们发现更多的边界类、控制类及遗漏的实体类，以便我们完善类图。

10.4.1 时序图的特点

时序图(Sequence Diagram)描述了对象之间传送消息的时间顺序，它用来表示用例中的行为顺序。当执行一个用例行为时，时序图中的每条消息对应了一个类操作或状态机中引起转换的触发事件。

时序图包含了 4 个元素，分别是对象(Object)、生命线(Lifeline)、消息(Message)和激活(Axtivation)。

在 UML 中，时序图将交互关系表示为二维图。其中，纵轴是时间轴，时间沿竖线向下延伸。横轴代表了在协作中各个独立的对象。当对象存在时，生命线用一条虚线表示，当对象的过程处于激活状态时，生命线是一条双道线。消息用从一个对象的生命线到另一个对象的生命线的箭头表示。箭头以时间顺序在图中从上到下排列。

如图 10-8 所示，饮料自动售货机(Vendor)正由客户使用。客户将硬币投入自动售货机投币口中，售货机验证硬币的真假。如果硬币是假的，则将该硬币吐出，并向用户发送一条消息，要求用户插入硬币。如果硬币是真的，则送出饮料。

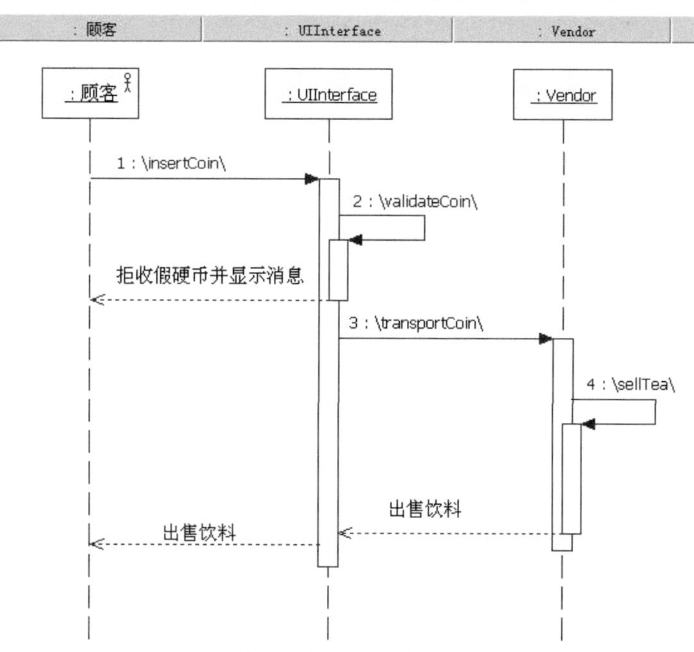

图 10-8 “饮料自动售货机”的时序图

1. 对象

时序图中对象的符号和对象图中对象所用的符号一样，都是使用矩形将对象名称包含起来，并且对象名称下有下画线，如图 10-8 所示。将对象置于时序图的顶部意味着在交互开始的时候对象就已经存在了，如果对象的位置不在顶部，那么表示对象是在交互的过程中被创建的。

2. 生命线

生命线(Lifeline)是一条垂直的虚线，表示时序图中的对象在一段时间内的存在。每个对象底部中心的位置都带有生命线。生命线是一个时间线，从时序图的顶部一直延伸到底部，所用的时间取决于交互持续的时间。对象与生命线结合在一起称为对象的生命线，对象的生命线包含矩形的对象图标及图标下面的生命线，如图 10-8 所示。

3. 消息

消息(Message)定义的是对象之间的某种通信，它可以激发某个操作、唤起信号或导致目标对象的创建或撤销。消息序列可以用两种图来表示：时序图和协作图。其中，时序图强调消息的时间顺序，而协作图强调交换消息的对象之间的关系。

消息是两个对象之间的单路通信，从发送方到接收方的控制信息流。消息可以用于在对象间传递参数。消息可以是信号，即明确的、命名的、对象间的异步通信；也可以是调用，即具有返回控制机制的操作的同步调用。

在 UML 中，消息使用箭头来表示，箭头的类型表示了消息的类型。其中，实线箭头表示两个对象之间的过程调用，而虚线箭头则显示过程调用的返回消息。

4. 激活

时序图可以描述对象的激活(Activation)和去激活(Deactivation)。激活表示该对象被占用以完成某个任务；去激活指的是对象处于空闲状态，在等待消息。在 UML 中，为了表示对象是激活的，可以将对象的生命线拓宽成为矩形，如图 10-8 所示。其中的矩形称为激活条或控制期，对象就是在激活条的顶部被激活的。对象在完成自己的工作后被去激活，这通常发生在一个消息箭头离开对象生命线的时候。

10.4.2 时序图建模

一般情况下，会有很多时序图，其中的一些是主要的，另一些用来描述可选择的路径或例外条件，可以使用包来组织这些时序图的集合，并给每个图起一个合适的名字，以便与其他图相区别。

按时间顺序对控制流建模，要遵循如下策略。

- 设置交互的语境，这些语境可以是系统、子系统、操作、类、用例或协作的脚本。
- 通过识别对象在交互中扮演的角色，设置交互的场景。以从左到右的顺序将对象放到时序图的上方，其中较重要的放在左边，与它们相邻的对象放在右边。
- 为每个对象设置生命线。通常情况下，对象存在于整个交互过程中。对于在交互期间创建和撤销的对象，在适当时设置它们的生命线，并用适当的构造型消息显示地说明它们的创建和撤销。
- 从引发某个消息的信息开始，在生命线之间画出从顶到底依次展开的消息，显示每个消息的特性(如参数)。若有需要，解释交互的语义。
- 如果需要可视化消息的嵌套或者实际计算发生时的发生点，可以用激活修饰每个对象的生命期。
- 如果需要说明时间或空间的约束，可以用时间标记修饰每个消息，并附上合适的时间和空间约束。
- 如果需要形式化地说明某控制流，可以为每个消息附上前置和后置条件。

一个单独的时序图只能显示一个控制流，通常来说，一个完整的控制流肯定是复杂的，所以，将一个大的流分为几个部分放在不同的图中是比较合适的。

10.4.3　图书管理系统的时序图

我们选取图书管理系统中的几个用例，借助于时序图来分析用例的执行过程。其中，系统管理员添加书籍用例的时序图，如图 10-9 所示。

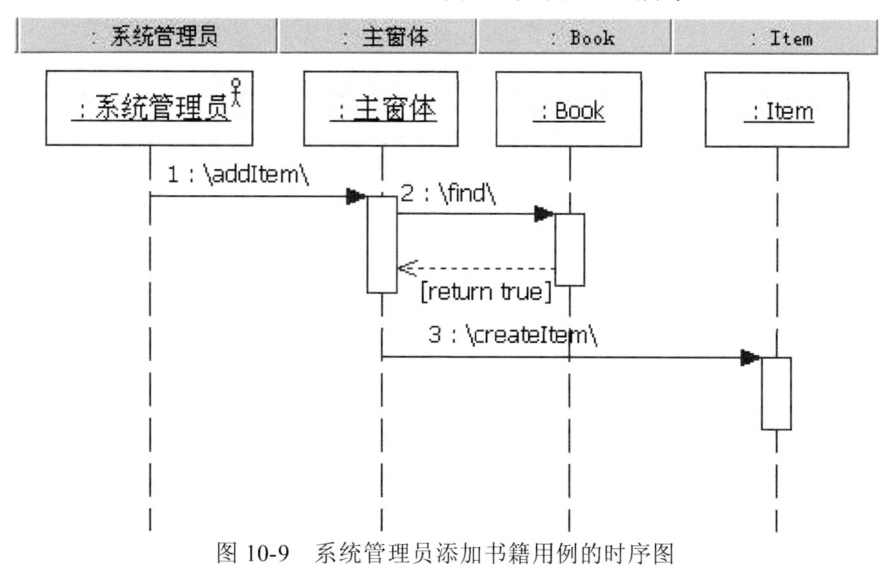

图 10-9　系统管理员添加书籍用例的时序图

在这个用例中，我们确定了参与的对象有：系统管理员、主窗体、图书(Book)和书本(Item)。用例的执行过程如下：首先系统管理员启动主窗体中的 addItem()方法来添加新书籍，然后由主窗体调用 Book 实体类中的 find()方法查找系统中是否允许添加这本书，如果验证通过得到返回消息为真，则继续调用 Item 实体类中的 create()方法添加书籍。

10.5 协作图

协作图是基于结构的一种表示方式，与时序图一样，它主要用来描述对象之间的交互关系，在功能上与时序图一致，但它们体现了不同的视角。

10.5.1 协作图的特点

协作图(Collaboration Diagram)是时序图之外另一种表示交互的方法。与时序图描述随着时间交互的各种信息不同，协作图描述的是和对象结构相关的信息。协作图的一个用途是表示类操作的实现。协作图可以说明类操作中用到的参数、局部变量及操作中的永久链。当实现一个行为时，消息编号对应了程序中嵌套的调用结构和信号传递过程。

协作图包含 3 个元素：对象(Object)、链(Link)和消息(Message)。

假设某客户想要开一个银行账户，执行此操作步骤的协作图如图 10-10 所示。

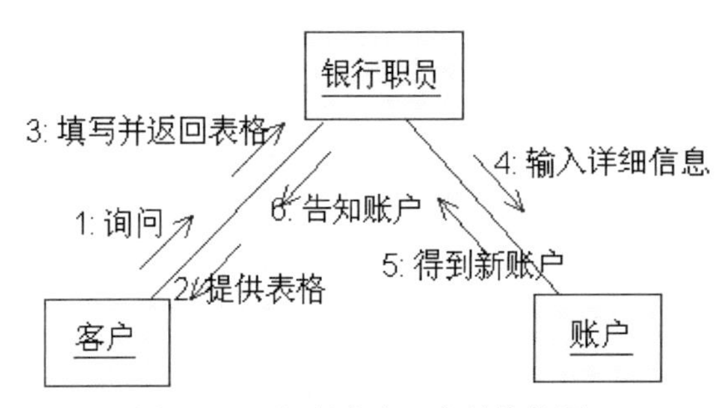

图 10-10 银行账户开户的协作图

此过程中有 3 个对象参与，分别是客户、银行职员和账户，而动作执行的先后次序如下。

(1) 客户询问开设银行新账户的步骤。

(2) 银行职员为此客户提供表格。

(3) 客户填写此表格，并将它交给银行职员。

(4) 银行职员将这些详细信息输入数据库，并将请求传递给账户，以生成新账户编号。

(5) 账户接收详细信息，然后生成此客户的账户编号，并将它传递给银行职员。

(6) 银行职员将账户编号告知客户。

1. 对象

协作图与时序图对象的概念是一样的，只不过在协作图中，无法表示对象的创建和撤销，所以对象在图中的位置没有限制。图 10-10 中所示的矩形代表的就是对象。

2. 链

协作图中的链的符号和对象图中链所用的符号是一样的，即一条连接两个类角色的实例。为了说明一个对象如何与另一个对象连接，可以在链的末端附上一个路径构造型。例如，构造型<<Local>>，表示指定对象对发送方而言是局部的。

3. 消息

协作图中的消息类型与时序图中的相同，只不过为了说明交互过程中消息的时间顺序，需要给消息添加顺序号。顺序号是消息的一个数字前缀，是一个整数，由 1 开始递增，每个消息都必须有唯一的顺序号。可以通过点表示法代表控制的嵌套关系，也就是说在消息 1 中，消息 1.1 是嵌套在消息 1 中的第一个消息，它在消息 1.2 之前，消息 1.2 是嵌套在消息 1 中的第 2 个消息，依次类推。嵌套可以具有任意深度。与时序图相比，协作图可以显示更为复杂的分支。

10.5.2 时序图与协作图的比较

时序图与协作图描述的主要元素都是两个，即消息和类角色。实际上，这两种图极为相似，在 Raional Rose 中提供了在两种图之间进行切换的功能。

时序图和协作图之间的相同点主要有以下 3 个。

- 规定责任。两种图都直观地规定了发送对象和接收对象的责任。将对象确定为接收对象，意味着为此对象添加一个接口。而消息描述成为接收对象的操作特征标记，由发送对象触发该操作。
- 支持消息。两种图都支持所有的消息类型。
- 衡量工具。两种图都是衡量耦合性的工具。耦合性被用来衡量模型之间的依赖性，通过检查两个元素之间的通信，可以很容易地判断出它们的依赖关系。如果查看对象的交互图，就可以看见两个对象之间消息的数量及类型，从而简化或减少消息的交互，以提高系统的设计性能。

时序图和协作图之间有如下区别。

- 协作图的重点是将对象的交互映射到它们之间的链上，即协作图以对象图的方式绘制各个参与对象，并且将消息和链平行放置。这种表示方法有助于通过查看消息来验证类图中的关联或者发现添加新的关联的必要性，但是时序图却不把链表示出来。在时序图的对象之间，尽管没有相应的链存在，但也可以随意绘制消息，不过这样做的结果是有些逻辑交互根本就不可能实际发生。

- 时序图可以描述对象创建和撤销的情况。新创建的对象可以被放在对象生命线上对应的时间点，而在生命线结束的地方放置一个大写的 X 以表示该对象在系统中不能再继续使用。而在协作图中，对象是不存在的，除了通过消息描述或约束，没有其他的方法可以表示对象的创建或结束。但是由于协作图所表现的结构被置于静止的对象图中，所以很难判断约束什么时候生效。
- 时序图还可以表现对象的激活和去激活情况，但对于协作图来说，由于没有对时间的描述，所以除了通过对消息进行解释，它无法清晰地表示对象的激活和去激活情况。

10.5.3 时序图与协作图的互换

时序图与协作图都表示对象之间的交互作用，只是它们的侧重点有所不同。时序图描述了交互过程中的时间顺序，但没有明确地表达对象之间的关系；协作图描述了对象之间的关系，但时间顺序必须从顺序号获得。两种图的语义是等价的，可以从一种形式的图转换成另一种形式的图，而不丢失任何信息。

如图 10-11 所示，客户开设银行账户的时序图可以在 Rational Rose 中由协作图自动生成。

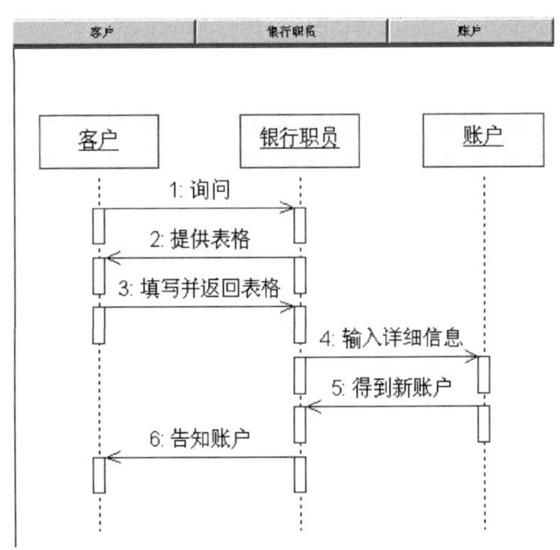

图 10-11 客户开设银行账户的时序图可以在 Rational Rose 中由协作图自动生成

两者所描述的控制流相同，只是所强调的内容不同。

10.5.4 协作图建模

协作图对复杂的迭代和分支的可视化，以及对多并发控制流的可视化要比时序图好。一般情况下，会有很多协作图，其中的一些是主要的，另一些用来描述可选择的路径或例外条件，可以使用包来组织这些协作图的集合，并给每个图起一个合适的名字，以便与其他图相区别。

利用协作图对控制流建模，要遵循如下策略。

- 设置交互的语境，这些语境可以是系统、子系统、操作、类、用例或协作的脚本。
- 通过识别对象在交互中扮演的角色，设置交互的场景。将对象作为图的顶点放在协作图中，其中较重要的对象放在图的中央，与它邻近的对象放在外围。
- 对每个对象设置初始状态。如果某个对象的属性、标记值、状态或角色在交互期间发生重要变化，则在图中放置一个复制的对象，并用这些新的值更新它，然后通过构造型<<become>>或<<copy>>的消息将两者连接。
- 描述对象之间可能有消息沿着它传递的链。首先安排关联的链，这些链是最主要的，因为它们代表结构的连接。然后再安排其他的链，用适当的路径构造型(如<<global>>和<<local>>)来修饰它们，显式地说明这些对象是如何相互联系的。
- 从引起交互的消息开始，适当地设置其顺序号，然后将随后的每个消息附到适当的链上。可以用带小数点的编号来表示嵌套。
- 如果需要说明时间或空间约束，可以用时间标记修饰这个消息，并附上合适的时间和空间约束。
- 如果需要更形式化地说明整个控制流，可以为每个消息附上前置和后置条件。

像时序图一样，一个单独的协作图只能显示一个控制流，它强调的是对象之间的结构关系。

10.5.5 图书管理系统的协作图

我们可以利用 Rose 中的自动转换功能，将系统管理员添加书籍的时序图转换为协作图，如图 10-12 所示。

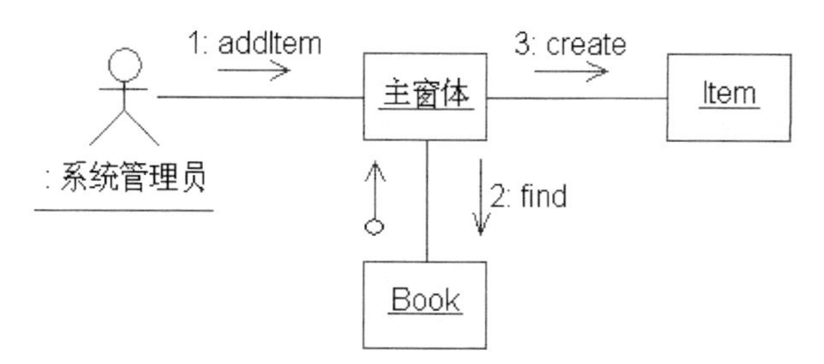

图 10-12　将系统管理员添加书籍的时序图转换为协作图

【单元小结】

- 动态模型描述与操作时间和顺序有关的系统特征、影响更改的事件、事件的序列、事件的环境及事件的组织。
- 状态图着重于描述响应消息时在对象中发生的事件。
- 活动图非常适合于描述业务流程。
- 在时序图中，用纵向行表示对象，用横向行表示对象间传递的消息。
- 协作图与时序图表述的信息一致，可以相互转换。

【单元自测】

1. 所有系统都具有(　　)结构和动态行为。

   A. 静态　　B. 动态

   C. 迭代　　D. 稳定

2. (　　)可显示对象在生命周期内响应外部事件和消息时所经历的状态。

   A. 协作图　　B. 状态图

   C. 活动图　　D. 时序图

3. 在活动图中，针对并发的控制流建模，需要采用(　　)。

   A. 分支与合并　　B. 分支与汇合

   C. 分叉与合并　　D. 分叉与汇合

4. 时序图中的纵坐标表示的是(　　)。

   A. 对象　　B. 消息

   C. 时间　　D. 事件

5. 时序图与(　　)包含的信息相同，可以相互转换。

   A. 用例图　　B. 状态图

   C. 活动图　　D. 协作图

【上机实战】

上机目标

- 创建时序图
- 创建状态图
- 创建活动图

上机练习

◆ 第一阶段 ◆

练习 1：绘制时序图

【问题描述】

某航空公司需要开发一个网上订票系统，顾客这样操作网上订票：浏览航班列表，选择其要乘坐的航班，再浏览航班的空座位列表和相关的打折信息，订购一个座位。系统要求顾客输入其信用卡信息以便支付费用。若信用卡支付成功，系统更新航班的有关信息并显示获取机票的相关信息给顾客。要求创建时序图分析顾客成功订购一张打折机票的场景。

【问题分析】

创建时序图包括如下步骤。

(1) 创建工程，创建描述顾客网上订票的用例图，再创建一个类图用于正确地描述实体类、边界类和控制类。

(2) 创建时序图描述用例：顾客成功订购一张打折机票。

【参考步骤】

(1) 创建一个空的 XDE 模型。

(2) 创建一个用例图，如图 10-13 所示。

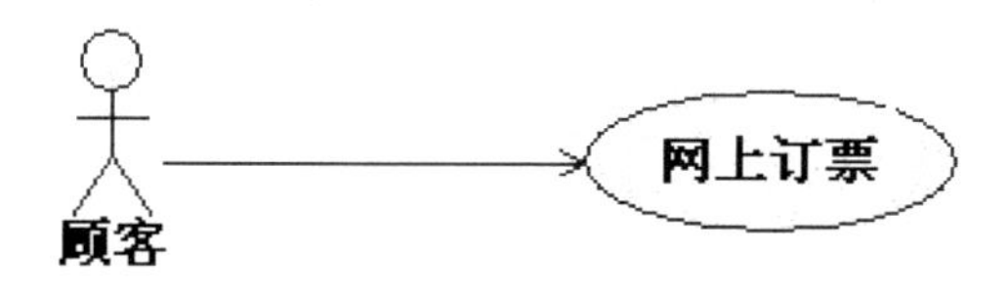

图 10-13　创建一个用例图

(3) 根据业务描述，分析关键抽象，创建一个类图，如图 10-14 所示。

(4) 创建一个时序图，将用例图中的参与者“乘客”和类图中的分析类拖放至时序图中。

(5) 在时序图上创建参与者“顾客”和分析类之间发送的各种消息。可以选择工具箱中 UML Sequence 选项卡上的 Message 和 Return Message 符号来完成此操作。最终完成的时序图如图 10-15 所示。

«Boundary»
PurchaseFlightsUI
«Boundary»
CreditCard Service
«Entity»
Seat
«Entity»
Flight
«Control»
PurchaseTicketController

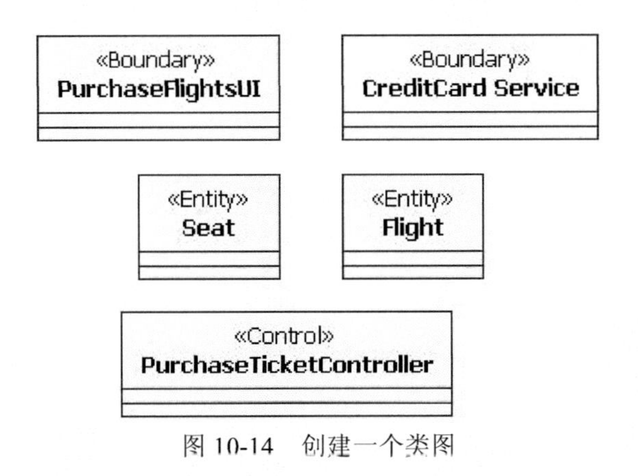

图 10-14　创建一个类图

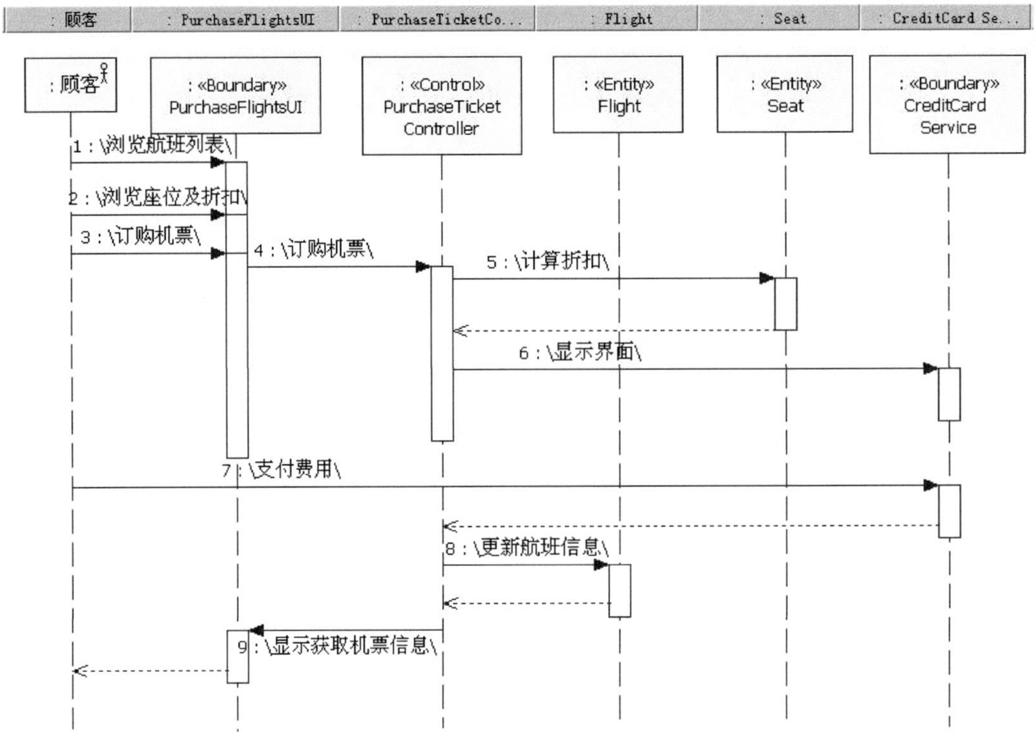

: 顾客
: PurchaseFlightsUI
: PurchaseTicketCo...
: Flight
: Seat
: CreditCard Se...
: 顾客
: «Boundary»
PurchaseFlightsUI
: «Control»
PurchaseTicket
Controller
: «Entity»
Flight
: «Entity»
Seat
: «Boundary»
CreditCard
Service
1 : \浏览航班列表\
2 : \浏览座位及折扣\
3 : \订购机票\
4 : \订购机票\
5 : \计算折扣\
6 : \显示界面\
7 : \支付费用\
8 : \更新航班信息\
9 : \显示获取机票信息\

图 10-15　最终完成的时序图

练习 2：绘制状态图

【问题描述】

绘制出一个电梯对象的状态图。该电梯从第一层开始启动，可以上升或下降。如果该电梯在某一层上处于闲置状态，则一段时间以后，一个 Time-out 事件就会发生，移动该电梯使其返回到第一层。假设电梯永远不会结束运行。

【问题分析】

要对电梯对象绘制状态图，需要根据以下步骤进行分析。

(1) 确定电梯对象可能存在的状态。

(2) 确定引起状态转换的事件。

(3) 确定转换进行时对象执行的相应动作。

【参考步骤】

(1) 在工程模型中创建一个状态图(Statechart Diagram)。

(2) 在状态图中放置初始状态图标。

(3) 确定电梯对象的各种状态：第一层(起始)、上升、下降、停止、自动运行(自动运行至第一层)。

(4) 确定各个状态之间转换的事件。

◆ 第二阶段 ◆

练习 3：绘制活动图

【问题描述】

某业务用例中具体工作的步骤清单如下。

(1) 文员与经理交流，取得要定价的所有新产品清单。

(2) 文员检查商店的购买记录，查看每个新产品的购买价。

(3) 将购买价加上 10%得到卖出价。

(4) 文员将新价格交给经理审批。

(5) 如果经理不批，则文员和经理决定商品的新价，新价格交给经理审批直至通过审批。

(6) 文员对每个新产品制作价格标签。

(7) 文员对每个新产品挂贴价格标签。

请绘制出该业务用例的活动图。

【问题分析】

针对某用例进行活动图建模，可以参考以下步骤。

(1) 确定初始状态和终止状态，明确系统用例的边界。

(2) 对动作状态或活动状态建模，找出时间发生的动作和活动，将它们表示为动作状态或活动状态。

(3) 对动作流建模。首先处理顺序动作，接着处理分支与合并等条件行为，然后处理分叉与合并等并发行为。

【拓展作业】

1. 在“在线拍卖”系统中，买家都需要使用账户进行付款，创建用户后自动创建账户，若账户上有款项没有付清，将无法再进行购买，账户还可能被管理员冻结或解冻，用户的账户被冻结将无法进行任何交易。请对用户的账户构建状态图，分析其状态的变迁。

2. 针对“在线拍卖”系统中的“注册新用户”的用例，绘制活动图，以描述其具体的操作流程。

3. 针对“在线拍卖”系统中的“竞拍”用例，绘制时序图，假设系统以 MVC 的三层架构体系来实现，找出该用例中参与的实体类、边界类和控制类，并分析其之间的交互。